Xilinx Zynq-7000 嵌入式系统设计实验教程

刘玉梅　编著

科　学　出　版　社

北　京

内 容 简 介

本书以 Xilinx Zynq-7000 SoC 系列为背景，介绍嵌入式系统设计技术，内容包括 Zynq 体系结构与开发流程、GPIO 原理及接口程序设计、Zynq 中断与定时技术、嵌入式 Linux 操作系统移植与驱动开发、Zynq 外设模块结构、功能技术及综合案例设计等。本书强调软硬件融合、软硬件协同的嵌入式系统设计，突出体现以 IP 核为中心系统级软硬件融合的设计思想；使用 PetaLinux 工具实现嵌入式 Linux 操作系统配置与移植，简化了嵌入式 Linux 操作系统移植过程；以 Vivado 为开发平台，基于 PYNQ-Z2 开发板，详细阐述了嵌入式系统的完整设计流程，设计了单元实验和综合案例，可以满足嵌入式系统教学和自学的需求。

本书可以作为高等院校电子信息类专业本科生教材和研究生学习参考用书，也可供嵌入式系统设计和应用技术人员自学参考。

图书在版编目（CIP）数据

Xilinx Zynq-7000 嵌入式系统设计实验教程 / 刘玉梅编著. —北京：科学出版社，2021.11
　　ISBN 978-7-03-070517-4

Ⅰ. ①X… Ⅱ. ①刘… Ⅲ. ①微型计算机-系统设计-教材 Ⅳ. ①TP360.21

中国版本图书馆 CIP 数据核字（2021）第 226141 号

责任编辑：王喜军　纪四稳 / 责任校对：樊雅琼
责任印制：赵　博 / 封面设计：无极书装

科学出版社 出版
北京东黄城根北街 16 号
邮政编码：100717
http://www.sciencep.com

固安县铭成印刷有限公司印刷

科学出版社发行　各地新华书店经销

*

2021 年 11 月第　一　版　开本：787×1092　1/16
2025 年 1 月第五次印刷　印张：14 3/4
字数：350 000

定价：58.00 元
（如有印装质量问题，我社负责调换）

前　　言

哈尔滨工程大学"微处理器与嵌入式系统设计"课程组在 2018 年启动"微机原理与接口技术"系列课程改革。"微机原理与接口技术"课程从 20 世纪 80 年代末期开始变革为以 80x86 为核心，成为工科非计算机专业学习计算机基础知识的重要专业基础课。随着计算机技术、集成电路设计技术和半导体工艺技术的不断发展，微处理器的应用几乎无处不在；而以应用为中心、软硬件可剪裁的专用计算机系统产品（即嵌入式系统产品）也已成为我国信息产业新的经济增长点。嵌入式计算机系统设计技术已成为物联网、通信、雷达、自控、微电子等研究应用领域的工程师必须掌握的基本技术和技能。

在电子技术、计算机技术日新月异的现代信息环境下，随着现场可编程逻辑门阵列（FPGA）、IP 核（IP core）、专用集成电路（ASIC）片上系统（SoC）、全可编程片上系统（AP SoC）等新技术和新理论的出现与发展，读者不仅要会使用集成电路搭建应用系统，还要了解如何使用现有的 IP 核或者自己设计 IP 核构成面向应用的 SoC。为使读者了解业界最新技术，学习基于 Zynq SoC 的软硬件协同设计方法，本书硬件平台采用以 Xilinx 的 Zynq-7000 系列为核心的 PYNQ-Z2 开发板，通过实验平台，使读者入门并尽快掌握电子系统设计工程师必备的技术和设计方法，掌握 SoC 系统设计技术的知识体系结构。

PYNQ-Z2 开发板是一款基于 Xilinx Zynq-7000 SoC 平台的低成本开发板，它可以实现基于 Linux、Android、RTOS 等操作系统的设计。此外，开发板上的扩展接口使得用户可以方便地访问可编程逻辑和处理系统。作为教学平台，读者可以在这个平台上实现全过程的嵌入式系统课程教学，也可以清楚地看到每个平台实现的具体过程。这样，读者才可以真正理解嵌入式系统的内涵。同时，读者利用该平台开发嵌入式应用程序，可以进一步提高嵌入式系统的灵活性和可靠性。

但 Zynq-7000 系列 AP SoC 理论知识内容繁多，入门难。为了让没有嵌入式基本概念的初学者快速入门，本书以 Zynq-7000 嵌入式基本知识点为线索，把重要知识分为若干单元。针对每个单元，首先讲解基本原理和关键技术，然后对本单元的重点和难点问题进行标注及详细说明，并根据知识点设计实验案例，给出 Vivado、SDK 开发环境下的详细实验步骤和需要注意的问题，读者根据提示即可完成基本实验内容。在基本实验基础上，提出功能扩展，供有兴趣的读者进行进一步学习和能力提升。设计综合实验案例，可以提供案例代码，满足嵌入式系统教学和自学的需求。

本书以 Xilinx 的 Vivado 集成开发环境和 PetaLinux 工具为设计平台，基于 XC7Z020 SoC 器件，详细说明 Cortex-A9 嵌入式系统的设计和实现方法。全书以 Zynq PS（ARM

Cortex A9）为核心、以 Zynq PL（FPGA）部分为可编程外设，分为 10 章，每章内容要点如下：

第 1 章介绍嵌入式系统和片上系统的发展、Zynq-7000 SoC 系列产品的特点，以及系统简化模型、产品分类及资源、功能和结构、嵌入式开发技术等，给读者提供一定的背景资料。

第 2 章介绍 Zynq-7000 SoC 的软硬件开发流程、软硬件协同开发的思想与方法，以及 Zynq 的启动流程和启动镜像文件制作方法。本书以 Vivado 集成开发环境为平台进行开发讲解，熟练掌握开发环境可以提高开发效率。

第 3 章详细介绍 Zynq-7000 SoC 内 GPIO 控制器的结构和功能，包括 GPIO 原理、Zynq GPIO 的相关寄存器配置和 GPIO 编程实例。通过实验案例的学习，读者可以熟悉和掌握 Vivado 环境 GPIO 的配置、SDK 环境下板级支持包的应用，以及使用 API 接口函数方式对 GPIO 模块的寄存器进行读写等操作。

第 4 章主要介绍 Cortex-A9 异常及中断原理，包括 ARM 处理器的异常中断种类、响应和返回过程，Zynq 中断体系结构、中断寄存器、Zynq 中断原理和实现方法，分别设计中断和定时实验案例。

第 5 章介绍 IP 核的概念、IP 核设计方法，使用 Vivado 工具封装用户 IP 核的设计流程，以及对用户 IP 核的例化；实现 IP 核设计，并在 SDK 中对用户 IP 核进行调用。

第 6 章介绍 Zynq-7000 SoC 软硬件协同调试的原理及实现方法，包括 ILA 核原理、VIO 核原理，构建协同调试硬件系统，生成软件工程和软硬件协同调试。掌握协同调试方法可以提高设计效率，缩短系统调试时间。

第 7 章介绍 Zynq-7000 中常用外设的结构和功能，包括 SD/SDIO 外设控制器、吉比特以太网控制器、通用异步收发传输器（UART）控制器、I2C 控制器、Zynq-7000 内置 Xilinx 模数转换器（XADC）原理、XADC 模块的使用示例等。

第 8 章详细阐述使用 PetaLinux 工具实现 Linux 系统移植过程，包括软硬件平台设计、启动文件设计、内核配置、根文件系统配置、内核编译和添加自定义设备等技术；设计 Linux 嵌入式系统下 GPIO、I2C 驱动技术的实验案例。

第 9 章设计和实现基于 PYNQ-Z2 开发板的传感器数据采集系统综合案例。

第 10 章介绍本书使用的 PYNQ-Z2 开发板的特点、硬件资源，以及板载文件、用户说明书以及 Vivado 环境下 XDC 引脚约束文件的引用方式；本书使用的传感器资源；Xilinx 公司新一代的集成开发环境 Vivado Design Suite 设计套件。使用其他 Zynq-7000 SoC 硬件平台的读者，也可结合其对应的硬件接口，进行相关的案例验证和开发工作。

掌握 Xilinx Zynq 嵌入式系统设计技术，不但要掌握相关的原理，更要在硬件平台上多进行实际练习和操作，并在提供的实验案例基础上进行修改和验证。这样读者才能逐渐学会独立从事 Xilinx Zynq 嵌入式系统的设计和开发工作。

感谢哈尔滨工程大学对本书出版的支持；感谢哈尔滨工程大学"微处理器与嵌入式系统设计"课程组的所有教师对本书出版提供的帮助；感谢在本书的撰写过程中给予作

者支持和帮助的侯长波老师。作者在撰写本书过程中，参阅了相关教材、专著，也在网上查找了相关资源，在此向各位原作者致谢。

　　作者尽管花费大量的精力撰写本书，但水平和经验有限，疏漏或者不足之处在所难免，敬请读者批评指正，更期待同行的指教。

刘玉梅
2021 年 5 月于哈尔滨

目　　录

第1章　Xilinx Zynq-7000 SoC 概述

本章首先对嵌入式系统、微处理器技术的发展进行概述，然后对 Xilinx 公司的全可编程技术的 Zynq-7000 SoC 进行介绍，主要包括片上系统（system on chip，SoC）的发展、Zynq-7000 SoC 系统简化模型、产品分类及资源、功能和结构、嵌入式开发技术。

1.1　嵌入式系统简介

1. 现代计算机系统发展

现代计算机系统发展有两大分支，即通用计算机系统和嵌入式计算机系统。

1）通用计算机系统

通用计算机系统是以高速、海量的数值计算为主的计算机系统，其以数值计算和处理为主，包括巨型机、大型机、中型机、小型机、微型机等。其技术要求是高速、海量的数值计算，技术方向是总线速度的无限提升、存储容量的无限扩大。

2）嵌入式计算机系统

嵌入式计算机系统是嵌入对象体系中、以控制对象为主的计算机系统。其以对象的控制为主，技术要求是对对象的智能化控制能力，技术发展方向是与对象系统密切相关的嵌入性能、控制能力与控制的可靠性。

嵌入式系统可应用在工业控制、交通管理、信息家电、家庭智能管理系统、物联网、电子商务、环境监测和机器人等方面。

2. 嵌入式系统定义

1）广泛定义

电气与电子工程师协会（Institute of Electrical and Electronics Engineers，IEEE）对嵌入式系统的定义为：嵌入式系统是用来控制、监视或者辅助机器、设备运行的装置。

2）一般定义

嵌入式系统是以应用为中心、以计算机技术为基础、软硬件可裁剪，应用系统对功能、可靠性、成本、体积、功耗和应用环境有特殊要求的专用计算机系统。其是将应用程序、操作系统和计算机硬件集成在一起的系统，是设计完成复杂功能的硬件和软件，并使其紧密耦合在一起的计算机系统。

3. 嵌入式处理器分类

1）微处理器

嵌入式微处理器（embedded microprocessor unit，EMPU）由通用计算机的微处理器

（microprocessor unit，MPU）演变而来，芯片内部没有存储器，输入/输出（input/output，I/O）接口电路也很少。在嵌入式应用中，嵌入式微处理器去掉了多余的功能部件，而只保留与嵌入式应用紧密相关的功能部件，以保证它能以最低的资源和功耗实现嵌入式的应用需求。目前主要的嵌入式处理器类型有 SC-400、PowerPC、68000、MIPS、ARM/StrongARM 系列等。

2）微控制器

推动嵌入式计算机系统走向独立发展道路的芯片，也称为单片微型计算机，简称单片机。由于这类芯片的作用主要是控制被嵌入设备的相关动作，因此业界常称这类芯片为微控制器（microcontroller unit，MCU）。这种 8 位的电子器件目前在嵌入式设备中仍然有着极其广泛的应用。单片机芯片内部集成只读存储器/电可擦除只读存储器（read-only memory/erasable programmable read-only memory，ROM/EPROM）、随机存取存储器（random access memory，RAM）、总线、总线逻辑、定时/计数器、看门狗定时器、I/O 接口等各种必要功能和外设，代表性的通用系列包括 8051、MCS-251、MCS-96/196/296、C166/167、MC68HC05/11/12/16、68300 等。

3）嵌入式数字信号处理器

嵌入式数字信号处理器（embedded digital signal processor，EDSP）是指在微控制器的基础上对系统结构和指令系统进行了特殊设计，使其适合执行数字信号处理（digital signal processing，DSP）算法并提高了编译效率和指令的执行速度。在数字滤波、快速傅里叶变换（fast Fourier transform，FFT）、谱分析等方面，DSP 算法正大量进入嵌入式领域，使 DSP 应用从早期的在通用单片机中以普通指令实现 DSP 功能，过渡到采用 EDSP 的阶段，代表性的产品是 Texas Instruments 的 TMS320 系列和 Motorola 的 DSP56000 系列。

4）SoC

SoC 是专用集成电路（application specific integrated circuit，ASIC）设计方法学中产生的一种新技术，是指以嵌入式系统为核心、以知识产权（intellectual property，IP）复用技术为基础、集软硬件于一体，并追求产品系统最大包容的集成芯片。SoC 一般包括系统级芯片控制逻辑模块、中央处理器（central processing unit，CPU）内核模块、DSP模块、嵌入的存储器模块、与外部通信的接口模块、含有模数转换器/数模转换器（analog to digital converter/digital to analog converter，ADC/DAC）的模拟前端模块、电源提供和功耗管理模块等，是一个具备特定功能、服务于特定市场的软件和集成电路的混合体。

4. 国产华为鲲鹏微处理器技术简介

华为公司从 1991 年研制第一枚传输网络芯片开始，不断探索自主研发技术，至 2019年已研制出 7nm 制程、数据中心处理器鲲鹏 920，其发展历程如图 1.1 所示。

鲲鹏微处理器是面向信息与通信技术（information and communication technology，ICT）领域、兼容 ARM 64 位指令集的多核处理器芯片，基于华为自研的具有完全知识产权的 ARM v8 架构，采用业界领先的 7nm 制程、多 Die 合封的 Chiplet 封装工艺，在提供强大计算能力的同时还集成了丰富且强大的 I/O 能力，为行业用户实现业务加速提供支撑。

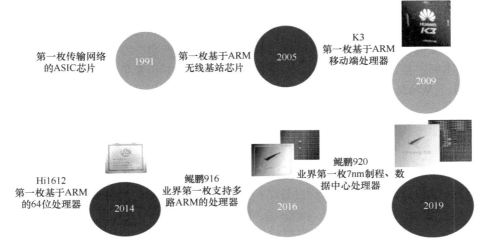

图 1.1　华为鲲鹏微处理器发展历程

华为鲲鹏微处理器的特点如下：

（1）鲲鹏作为通用的 ARM v8 处理器，是全球 ARM 生态中的重要一员；

（2）已经构筑了相对完整的鲲鹏软件生态；

（3）鲲鹏不仅局限于鲲鹏系列服务器芯片，更是包含了完整的服务器软硬件生态和全栈的云服务生态；

（4）汇聚了芯片、服务器、操作系统、虚拟化容器、应用软件、云服务和解决方案等。

华为鲲鹏系列微处理器的优势如下：

（1）提供强大的计算能力，最多支持 64 核；

（2）采用自研的具有完全知识产权的 ARM v8 架构；

（3）可通过片间高速缓冲存储器（Cache）一致性接口 Hydra 扩展系统核数；

（4）具有丰富且强大的 I/O 能力，集成以太网控制器、SAS（serial attached SCSI）控制器以及 PCI-E 4.0 控制器；

（5）芯片集成安全算法引擎、压缩/解压缩引擎、存储算法引擎等加速引擎进行业务加速。

5. 嵌入式操作系统

嵌入式操作系统是一种支持嵌入式系统应用的操作系统软件，它是嵌入式系统极为重要的组成部分，通常包括与硬件相关的底层驱动软件、系统内核、设备驱动接口、通信协议、图形用户界面及标准化浏览器等。与通用操作系统相比，嵌入式操作系统在系统实时高效性、硬件的相关依赖性、软件固化及应用的专用性等方面有突出的特点。

低端应用以单片机或专用计算机为核心构成的可编程控制器的形式存在，一般没有操作系统的支持，具有监控、伺服、设备指示等功能，带有明显的电子系统设计特点。高端应用以嵌入式 CPU 和嵌入式操作系统及各应用软件构成的专用计算机系统的形式存在。

嵌入式操作系统通常包括与硬件相关的底层驱动软件、系统内核、设备驱动接口、通信协议、图形界面和标准化浏览器等，能运行于各种不同类型的微处理器上，具有编码体积小、面向应用、可裁剪和移植、实时性强、可靠性高、专用性强等特点，并具有大量的应用程序接口（application program interface，API）。常见的嵌入式操作系统有嵌入式 Linux、Windows CE、Symbian、Android、uC/OS-II、VxWorks 等。

1.2　片上系统的发展

在几十年前，要构建一个嵌入式系统，需要使用大量的器件、大量的机械连接装置，以及额外大量的 ASIC 器件。这种设计结构会带来各方面问题，如增加系统的整体功耗、总成本，降低系统的可靠性和安全性，系统维护成本较高等。

随着半导体技术的不断发展，可以将构成系统的大量元件集成到单个芯片中，如 CPU 内核、总线结构、功能丰富的外设控制器，以及模数混合器件。这种将一个计算机系统集成到单芯片中的结构称为 SoC。SoC 的解决方案成本更低，能在不同的系统单元之间实现更快、更安全的数据传输，具有更高的整体系统速度、更低的功耗、更小的物理尺寸和更高的可靠性。

但是基于 ASIC 的 SoC 也有开发时间长和成本高、灵活性差等缺点。开发 ASIC 工程时开发时间和投入成本是巨大的，使得这种 SoC 类型只适合于大批量而且将来不需要升级的市场领域。基于 ASIC 的 SoC 的应用包括在个人计算机（personal computer，PC）、平板电脑和智能手机上用的集成处理器。基于 ASIC 的 SoC 的局限性导致它们不适用于很多应用，特别是那些需要快速投入市场以及产品的灵活性和升级能力比较重要的情形。对于小批量或中批量的产品，基于 ASIC 的 SoC 也不是很好的解决方案。

显然，人们需要更灵活的解决方案，现场可编程逻辑门阵列（field programmable gate array，FPGA）是自然的选择。FPGA 可以配置实现任何系统的芯片，可以用来实现嵌入式处理器。FPGA 还可以完全重新配置，与用 ASIC 实现 SoC 相比，FPGA 能构成更为基础灵活的平台。在一个需要系统升级的应用中部署 FPGA 几乎是没有风险的。美国 Xilinx 公司提出了全可编程（all programmable，AP）SoC 结构，即 AP SoC。与 SoC 相比，AP SoC 充分利用了 FPGA 内部结构的灵活性，克服了传统 SoC 器件灵活性差、专用性强及设计复杂的缺点；同时，AP SoC 又具备传统 SoC 器件的所有优势。

Xilinx 公司将自己开发的 8 位 Picoblaze 和 32 位 Microblaze 软核的嵌入式处理器，以及 IBM 公司的 PowerPC 和 ARM 公司的双核 Cortex-A9 硬核处理器嵌入 FPGA 芯片中。这种基于 FPGA 的全可编程平台提供了一个更加灵活的解决方案。在这个方案中，单个可编程芯片上提供了大量不同的 IP 软核和硬核资源，并且设计人员可以在任何时间对这些资源进行升级。这种全可编程的结构特点，大大缩短了系统的开发时间。并且，同一平台能应用在很多领域，因此极大地提高了平台的资源复用率。

全可编程结构的出现使得设计人员可以优化系统吞吐量及开发周期，并且提供前所未有的软件和硬件逻辑协同设计的灵活性。这种灵活性主要体现在当设计嵌入式系统时，设计人员能够根据系统性能要求和提供的设计资源，灵活地确定如何将系统实现的功能合理地分配到软件和可编程逻辑资源。这就是软件和硬件设计的协同性，这种协同性不同于传统嵌入式系统的协同设计，因为虽然传统的嵌入式系统也使用软件和硬件的协同设计，但是基本上还是大量地使用分离的设计流程。典型地，硬件设计人员负责制定硬件设计规范，而软件设计人员负责制定软件设计规范，结果就导致参与嵌入式系统设计的软件和硬件开发人员对同一问题有着截然不同的理解。同时，这对设计团队的沟通能力也提出了很高的要求。

目前，随着 AP SoC 容量和性能的不断提高，全新的 AP 技术已经应用到不同的领域，如通信、汽车电子、大数据处理、机器学习等。它已经不是传统意义上用于连接不同接口设备的连接逻辑，而是逐渐变成整个嵌入式系统最核心的部分。当传统的可编程逻辑器件发展到 AP SoC 后，设计的复杂度也不断提高，硬件和软件的协同设计在这个 AP 平台上显得非常重要。

1.3　Zynq AP SoC 系统

1.3.1　Zynq-7000 SoC 简化模型

Zynq-7000 SoC 的简化模型是它组合了一个由双核 ARM Cortex-A9 处理器组成的处理系统（processing system，PS）部分和一个由 FPGA 组成的可编程逻辑（programmable logic，PL）部分，如图 1.2 所示。PS 支持软件程序和/或操作系统，而 PL 部分用来实现高速逻辑、算术和数据流子系统，整个系统的功能设计可以恰当地在硬件和软件之间做出划分。PL 和 PS 之间的连接采用了工业标准的高级可扩展接口（advanced extensible interface，AXI）连接方式。

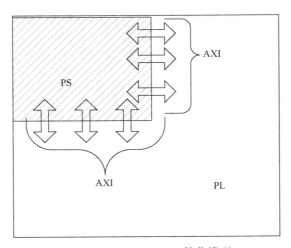

图 1.2　Zynq-7000 SoC 简化模型

在 Zynq-7000 SoC 上，ARM Cortex-A9 是一个应用级的处理器，可以裸机运行，也可以运行在完整的操作系统上，如 Linux，而 PL 是基于 Xilinx 7 系列的 FPGA 架构，这个架构实现了工业标准的 AXI 接口，在芯片的两个部分之间实现了高带宽、低延迟的连接。这使得 PS 和 PL 各自都可以发挥最佳的用途，而且省去在两个分立的芯片之间接口的开销，同时系统又能获得简化为单一芯片带来的好处，包括物理尺寸和整体成本的降低。

1.3.2　嵌入式 SoC 设计

1. 嵌入式 SoC 硬件系统

嵌入式 SoC 硬件系统的模型如图 1.3 所示，硬件系统的中央单元是处理器、存储器、外设和把各种单元连接在一起的总线。软件系统运行在处理器上，由应用程序（通常是基于操作系统的）和一个更低的与硬件系统打交道的软件功能层组成。系统单元之间的通信是通过互联进行的。这种互联可能是直接的、点对点连接，也可能是通过服务于多个单元的总线连接。如果是后者，就需要协议管理总线访问。外设是处理器之外的功能部件，一般来说有三种功能：协处理器，辅助主处理器的单元（如 NEON 等）用于特定任务协处理；与外部接口交互，如连接到发光二极管（light emitting diode，LED）和开关等；作为额外的存储器单元。

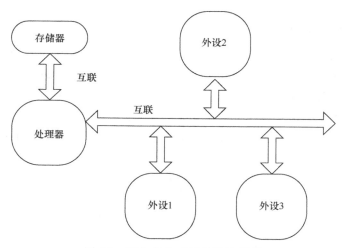

图 1.3　嵌入式 SoC 硬件系统模型

2. Zynq-7000 SoC 嵌入式硬件系统

Zynq-7000 SoC 嵌入式硬件系统设计框图如图 1.4 所示，PS 具有固定的架构，承载了处理器和系统存储器，而 PL 完全是灵活的、由设计者使用 FPGA 创建定制的外设。PS 和 PL 的互联是通过 AXI 接口实现的。软件系统运行在 ARM Cortex-A9 中。在 Zynq-7000 SoC 的平台进行嵌入式系统的开发或者设计具有特别的优势，这使得设计的过程更为直接。底层 PL 是结构化的硬件，而且它的性能特性是大家熟知的，已经集成进了软件开发工具中。

图 1.4 中的外设部件可以是 IP 功能模块，可以从 Xilinx 的 IP 库获得（随设计工具提供），也可以从之前的项目中重用，或是从第三方/开源仓库获得，再集成起来形成系统的设计。Zynq-7000 SoC 具有大量的标准 IP，也就是说不用再重新设计这些部件。这样提升了抽象层级，加上重用预先测试和验证过的部件，能加速开发进程，降低成本。

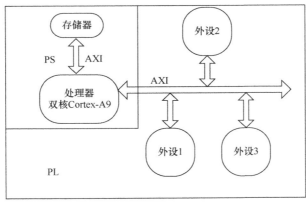

图 1.4　Zynq-7000 SoC 嵌入式硬件系统设计框图

1.4　Zynq-7000 SoC 产品分类及资源

Zynq 产品线包括七种不同的通用 Zynq-7000 芯片，产品分类及资源如表 1.1 所示。

表 1.1　Zynq-7000 产品分类及资源

器件名称	Z-7010	Z-7015	Z-7020	Z-7030	Z-7035	Z-7045	Z-7100
器件代码	XC7Z010	XC7Z015	XC7Z020	XC7Z030	XC7Z035	XC7Z045	XC7Z100
处理器核	双核 ARM Cortex-A9，最高至 866MHz			双核 Cortex-A9，最高至 1GHz			
处理器核扩展	每个处理器核包含单/双精度浮点单元 NEON						
L1 高速缓存	每个处理器带有各自的 32KB 指令高速缓存和 32KB 数据高速缓存						
L2 高速缓存	512KB						
片上存储	256KB						
外部存储器	DDR3, DDR3L, DDR2, LPDDR2						
外部静态存储器	2x Quad-SPI, NAND, NOR						
DMA 通道数	8（4 个 PL 专用通道）						
外设	2 × UART, 2 × CAN 2.0B, 2 × I2C, 2 × SPI, 4 × 32bit GPIO						
DMA 外设	2 × USB2.0（OTG（on-the-go）），2 × Tri-mode Gigabit Ethernet, 2 × SD/SDIO						
安全性	第一阶段引导加载程序的 RSA 身份验证，AES 和 SHA 256 用于安全引导的解密和身份验证						
PS 到 PL 接口	2 × AXI 32bit Master, 2 × AXI 32bit Slave, 4 × AXI 64bit/32bit Memory, AXI 64bit ACP, 16 位中断						
可编程逻辑	Artix-7			Kintex-7			
触发器数量	35200	96400	106400	157200	343800	43200	554800
LUT（look-up table）数量	17600	46200	53200	78600	171900	218600	277400

续表

器件名称	Z-7010	Z-7015	Z-7020	Z-7030	Z-7035	Z-7045	Z-7100
逻辑单元数量	28K	74K	85K	125K	275K	350K	444K
总的块 RAM（#36KB 块）	2.1Mbit（60）	3.3Mbit（95）	4.9Mbit（140）	9.3Mbit（265）	17.6Mbit（500）	19.2Mbit（545）	26.5Mbit（755）
DSP 切片数	80	160	220	400	900	900	2020
PCI-E 块数量	—	Gen2 × 4	—	Gen2 × 4	Gen2 × 8	Gen2 × 8	Gen2 × 8
安全性	AES 和 SHA 256 用于安全可编程逻辑配置的解密和认证						
速度等级 商业		−1			−1		−1
速度等级 扩展		−2，−3			−2，−3		−2
速度等级 工业		−1，−2，−1L			−1，−2，−2L		−1，−2，−2L

如表 1.1 所示，Zynq-7000 系列中不同芯片之间的主要差异是可编程逻辑的类型和数量。这些芯片都提供了不同数量的通用逻辑单元、块 RAM 和 DSP48E1，当然 PL 部分的整个处理能力与它的资源数量是成正比的。所有芯片的 PS 是标准的，唯一的区别是 ARM 核的最大频率。例如，基于 Artix-7 芯片的 PS 时钟频率可以高达 866MHz，而基于 Kintex-7 的芯片可以高达 1GHz。

1.5　Zynq-7000 SoC 功能和结构

1.5.1　Zynq-7000 SoC 的功能

Zynq-7000 SoC 系列基于 Xilinx 全可编程的可扩展处理平台（extensible processing platform，EPP）结构，该结构在单芯片内集成了基于 ARM 公司双核 ARM Cortex-A9 多核处理器的处理系统和基于 Xilinx 可编程逻辑资源的可编程逻辑系统，如图 1.5 所示。

在该全可编程 SoC 内，双核 ARM Core-A9 多核 CPU 是 PS 的心脏，它不仅有 ARM 处理器，还有相关的处理资源，形成一个应用处理单元（application processing unit，APU），还包含片上存储器、外部存储器接口和具有丰富功能的外设。

与传统的 FPGA 和 SoC 相比，Zynq-7000 SoC 不但提供了 FPGA 的灵活性和可扩展性，同时也提供了与 ASIC 和专用标准产品（application specific standard product，ASSP）相关的性能、功耗和易用性。Zynq-7000 SoC 使得设计者能使用工业标准的工具在单个平台上实现高性能和低成本的应用。可扩展处理平台中的每个器件包含了相同的 PS，不同器件包含的 PL 和 I/O 资源是不同的。

Zynq-7000 SoC 平台可以应用在很多领域，包括汽车驾驶员辅助系统、驾驶员信息系统和娱乐系统；工业的电机控制、工业组网和机器视觉；通用移动通信技术的长期演进（long term evolution，LTE）的无线和基带；医疗诊断和成像；多功能打印机；视频和夜视装备。

与传统配置 FFGA 方法不同的是，Zynq-7000 SoC 总是最先启动 PS 内的处理器，这样允许 PS 上运行的软件程序用于启动系统并且配置 PL。可以将配置 PL 的过程设置成启动过程的一部分或者在将来的某个时间再单独配置 PL。

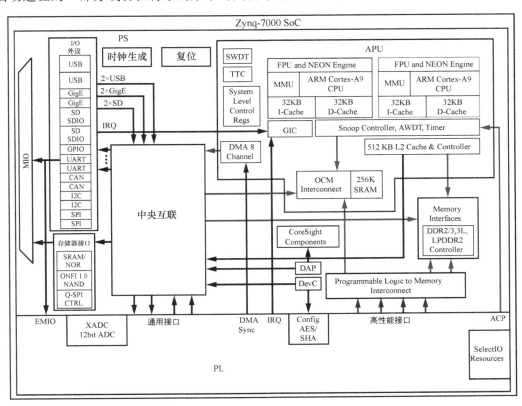

图 1.5　Zynq-7000 SoC 系统

1.5.2　Zynq-7000 SoC 处理系统

本节对处理系统内的各个模块进行简单介绍。Zynq-7000 SoC 系统由应用处理单元、存储器接口、I/O 外设、互联结构等几个部分组成。

1. 应用处理单元

APU 主要由双核 ARM Cortex-A9 多核处理器组成，每个处理器核都有独立的 NEON、可以实现 128 位单指令多数据流（single instruction multiple data，SIMD）的协处理器 VFP v3、一个浮点运算单元（float point unit，FPU）、一个内存管理单元（memory management unit，MMU）、一个带有校验功能的 32KB L1 指令高速缓存和 32KB L1 数据高速缓存。双核 Cortex-A9 共享带有校验功能的 512KB L2 高速缓存，提供带有校验功能的 256KB 片上存储器（on-chip memory，OCM）。Zynq-7000 SoC 内的 Cortex-A9 处理器、可编程逻辑及中央互联均可访问 OCM，与 PS 内的 L2 处于同一层次，但没有提供缓存能力。侦测控制单元（snoop control unit，SCU）包含了 L1 和 L2 的一致性要求，每个 Cortex-A9 都有私有定时器、看门狗定时器和通用的中断控制器（generic interrupt controller，GIC）。

ARM 文档在一般性的层面上详细描述了 APU，而且 ARM 文档还分别提供了关于 Cortex-A9 核、可选扩展及其基于架构的手册。因此，要深入理解它的运行情况，除要借助几份 ARM 手册，还需要知道 Zynq 具体运行的参数。与 Zynq 配置相关的指标是写在 Xilinx 文档里的。注意 Zynq-7000 SoC 使用了 ARM Cortex-A9 的 r3p0 版本，基于 ARM v7-A 架构。当参考 ARM 文档时，这一点很重要，因为 ARM 提供了和具体处理器版本相关的不同手册版本。

2. 存储器接口

存储器接口提供对不同存储器类型的支持。

1）双倍数据速率控制器的特点

双倍数据速率（double data rate，DDR）控制器具有如下特点：

（1）支持 DDR3、DDR2、LPDDR-2 类型的存储器；

（2）该控制器提供了 16/32 位数据宽度，支持 16 位纠错码（error correcting code，ECC）；

（3）最多使用 73 个专用的 PS 引脚；

（4）数据读选通自动标定，写数据字节使能支持每拍数据；

（5）用高优先级读（high priority read，HPR）队列的低延迟读机制。

2）4-SPI 控制器的特点

4-SPI 控制器具有如下特点：

（1）提供了连接 1 个或 2 个 SP 设备的能力，支持一位和两位数据宽度的读操作；

（2）用于 I/O 模块 100MHz 的 32 位 APB3.0 接口，允许编程；

（3）100MHz 32 位 AXI 线性地址映射接口用于读操作；

（4）支持单个芯片选择线，支持写保护信号，提供可用的 4 位双向 I/O 信号线；

（5）支持读速度为×1、×2 和×4，写速度为×1 和×4；

（6）主模式下最高串行外设接口（serial peripheral interface，SPI）时钟频率可以达到 100MHz。

3）静态存储器控制器

静态存储器控制器（static memory controller，SMC）提供了 NAND 存储器和并行 SRAM/NOR 存储器的读/写控制功能。

NAND 存储控制器提供了如下功能：

（1）支持 8/16 位的 I/O 数据宽度；

（2）提供一个片选信号；

（3）支持开放 NAND 闪存接口（open NAND flash interface，ONFI）规范 1.0；

（4）提供 16 个字读和 16 个字写数据先进先出（first input first output，FIFO）的能力；

（5）提供 8 个字命令 FIFO，对于每个存储器，用户可通过配置界面修改 I/O 周期的时序；

（6）提供 ECC 辅助功能；

（7）支持异步存储器工作模式。

并行 SRAM/NOR 控制器提供了如下功能：

（1）支持 8 位数据宽度，最多 25 位地址信号；

（2）提供 2 个片选信号；

（3）提供 16 个字读和 16 个字写数据 FIFO 的能力；

（4）提供 8 个字命令 FIFO；

（5）对于每个存储器，提供用户可配置的可编程 I/O 周期时序；

（6）支持异步存储器操作模式。

3. I/O 外设

Zynq-7000 SoC 的 PS 提供了用于满足不同要求的 I/O 接口。PS 和外部接口之间的通信主要是通过复用的输入/输出（multiplexed input/output，MIO）实现的，PS 提供了 54 个可用的通用输入/输出（general purpose input/ output，GPIO）信号。通过复用 I/O 模块 MIO，将这些信号连接到 Zynq-7000 器件的外部引脚，并且可以通过软件程序/控制这些信号的三态使能功能。通过扩展复用的输入/输出（extend multiplexed input/output，EMIO）模块，可以将 PS 内的（general purpose output，GPO）信号引入 Zynq-7000 SoC 内的 PL 单元，支持最多 192 个 GPO 信号，其中 64 个为输入，128 个为输出。

可用的 I/O 包括标准通信接口和 GPIO。GPIO 可以用作各种用途，包括简单的按钮、开关和 LED。表 1.2 给出了全部 I/O 外设接口。

表 1.2　I/O 外设接口

I/O 外设接口	说明
2 个 USB	兼容 USB2.0，可作为高速主机控制器、OTG 双重角色 USB 主机控制器、USB 设备控制器操作
2 个 GigE	以太网控制器，支持 IEEE 802.3 和 IEEE 1588 V2.0 协议，支持 10Mbit/s、100Mbit/s、1Gbit/s 模式
2 个 SD 控制器	SD/SDIO 控制器，它可以作为 Zynq-7000 SoC 的基本启动设备，支持 SD 2.0 规范
2 个 SPI 控制器	提供四个信号线，支持主机/从机模式
2 个 CAN 控制器	遵守 ISO 11898-1、CAN 2.0A 和 CAN 2.0B 标准
2 个 UART 控制器	串行通信的低速数据调制解调器接口
2 个 I2C 控制器	支持 I2C 总线规范 V2，支持主机和从机模式
GPIO	通用输入/输出端口

1.5.3　Zynq-7000 SoC 可编程逻辑的构成

1. 逻辑部分

逻辑部分包括：

（1）可配置逻辑块（configurable logic block，CLB）；

（2）6 输入查找表（LUT）；

（3）片（slice）；

（4）触发器（flip-flop，FF）；

（5）进位逻辑（carry logic）；

（6）输入/输出块（input/output block，IOB）。

2. 块 RAM 和 DSP48E 资源

1）36KB 容量的 BRAM 资源

36KB 容量的 BRAM 资源具有如下功能：

（1）提供了双端口访问能力；

（2）支持最多 72 位数据宽度；

（3）可配置为双端口 18KB 存储器；

（4）可编程的 FIFO 逻辑；

（5）内建错误校准电路。

2）数字信号处理 DSFP48EI 资源

数字信号处理 DSFP48EI 资源具有如下功能：

（1）提供 25×18 宽度的二进制补码乘法器/累加器，可以实现高达 48 位的高分辨率信号处理器功能；

（2）提供 25 位的预加法器，用于降低功耗及优化对称滤波器应用；

（3）提供高级特性，用于可选的可级联流水线，以及可选的算术逻辑部件运算器（arithmetic logical unit，ALU）和专用总线。

3. 可配置的 I/O 资源

可配置的 I/O 资源具有如下功能：

（1）支持高性能的 SelectIO 技术；

（2）封装内提供高频去耦合电路，用于保证扩展的信号完整性；

（3）数字控制阻抗（digital control impedance，DCI）具有三态功能，用于最低的功耗和高速 I/O 操作，其中，高范围（high range，HR）I/O 支持电压范围 1.2～3.3V，高性能（high performance，HP）I/O 支持电压范围 1.2～1.8V（仅对 Z-7030 和 Z-7045 器件有效）。

4. 通信接口

Zynq 芯片含有嵌入逻辑部分的 GTX（gigabit transceiver）收发器和高速通信接口块，支持一些标准接口，包括 PCI-E、串行 RapidIO、SCSI（small computer system interface）和 SATA（serial advanced technology attachment）。

用于 PCI-E 设计的集成接口模块功能如下：

（1）兼容 PCI-E 基本规范 2.1，提供端点和根端口能力；

（2）支持 Gen1（2.5Gbit/s）和 Cen2（5.0Gbit/s）速度；

（3）提供高级配置选项、高级错误报告（advanced error report，AER）、端到端的循环冗余校验（end-to-end cyclic redundancy check，ECRC）高级错误报告及 ECRC 特性。

5. 可编程扩展接口

1）时钟管理单元

时钟管理单元提供如下功能：

（1）用于低抖动时钟分布的高速缓冲区和布线；

（2）频率合成及相位移动；

（3）低抖动时钟生成和抖动过滤。

2）模拟到数字转换器

模拟到数字转换器（XADC）提供如下功能：

（1）两个 12 位模拟到数字转换器，采样速率高达 1Mbit/s；

（2）提供最多 17 个用户可配置的模拟输入端口；

（3）用户可以选择片上或外部参考源；

（4）提供用于检测温度的片上温度传感器，最大误差为±4℃；

（5）提供用于检测芯片各个供电电压的电源供电传感器，最大误差为±1%；

（6）联合测试工作组（joint test action group，JTAG）可以连续地访问 XADC 测量结果。

1.5.4　Zynq-7000 SoC 内部的互联结构

Zynq-7000 SoC 的架构包含了两个部分：PS 和 PL。这两部分可以单独使用，也可以合起来使用，而且实际上供电电路设计成独立给每个部分供电，这样如果不使用 PS 或 PL 时可以断电。Zynq-7000 SoC 的功能实现不仅仅依赖于它的两个组成部分 PS 和 PL 的特性，还在于能把两者协同起来形成完整、集成系统的能力。起关键作用的是一组高度定制的 AXI 互联和接口，在两个部分之间形成了桥梁。另外，在 PS 和 PL 之间还有一些其他类型的连接，特别是 EMIO。

1. AXI 协议

AXI 表示的是高级可扩展接口，当前的版本是 AXI4，它是 ARM AMBA3.0 开放标准的一部分。第三方厂家生产的许多芯片和 IP 包都是基于这个标准的。

先进微控制器总线体系结构（advanced microcontroller bus architecture，AMBA）标准原本是 ARM 开发用于单片机的，自 1996 年发布第一版后，标准经过修订和扩展，现在主要用于 SoC，包括基于 FPGA 的 SoC，或是 Zynq 这样的包含 FPGA 部分的芯片。Xilinx 公司将 AXI4 定义为 FPGA 架构内使用的优化的互联技术，现在由 Xilinx 工具链 Vivado Design Suite 对 AXI 进行支持。AXI 总线使用灵活，一般情况下它用来在一个嵌入式系统中连接处理器和其他 IP 包。有如下三类 AXI4，每一类代表了不同的总线协议。

AXI4：用于存储映射连接，它支持最高的性能，即能传输一簇最高 256 个数据字的数据到特定地址。

AXI4-Lite：一种简化了的连接，只支持每次连接传输一个数据（非批量）。AXI4-Lite 也能存储映射，在这种协议下，每次传输一个地址和单个数据。

AXI4-Stream：用于高速流数据，支持批量传输无限大小的数据；没有地址机制，这种总线类型最适合源和目的地之间的直接数据流（非存储器映射）传输。

2. AXI 互联和接口

在 PS 和 PL 之间的连接主要通过一组 9 个 AXI 接口实现，每个接口由多个通道组成。这些形成了 PS 内部的互联以及与 PL 的连接，通用接口 4 个、高性能接口 4 个、加速一致性接口 1 个。

表 1.3 是图 1.5 中接口的总结。它给出了每个接口的简述，标出了主机和从机（主机控制总线并发起会话，而从机是做响应的）。注意接口命名的规范（在表 1.3 的第一列）表示出了 PS 的角色，即第一个字母"M"表示 PS 是主机，而第一个字母"S"表示 PS 是从机。

表 1.3　PS 与 PL 间接口

接口名称	接口描述	主机	从机
M_AXI_GP0	通用（AXI_GP）	PS	PL
M_AXI_GP1		PS	PL
S_AXI_GP0	通用（AXI_GP）	PL	PS
S_AXI_GP1		PL	PS
S_AXI_ACP	加速一致性接口（ACP）	PL	PS
S_AXI_HP0	带有读写功能的 FIFO 高性能接口（AXI_HP）	PL	PS
S_AXI_HP1		PL	PS
S_AXI_HP2		PL	PS
S_AXI_HP3		PL	PS

（1）通用 AXI：一条 32 位数据总线，适合 PL 和 PS 之间的中低速通信；接口透明传输，不带缓冲；总共有 4 个通用接口，两个 PS 做主机，另两个 PL 做主机。

（2）加速一致性接口：在 PL 和 APU 内的 SCU 之间的单个异步连接，总线宽度为 64 位；这个端口用来实现 APU 缓存和 PL 单元之间的一致性，PL 做主机。

（3）高性能接口：4 个高性能 AXI 接口，带有 FIFO 缓冲，提供批量读写操作，并支持 PL 和 PS 中存储器单元的高速率通信；数据宽度是 32 位或 64 位，在所有 4 个接口中 PL 都做主机。

第 2 章 Zynq 开发方法与开发流程

2.1 Zynq-7000 SoC 开发流程

Zynq-7000 SoC 由两个主要部分组成，一个是双核 ARM Cortex-A9 构成的处理系统（PS）部分，另一个等价于 FPGA 的可编程逻辑（PL）部分。并且它还集成了存储器、各种外设和高速通信接口。PL 部分用来实现高速逻辑、算术和数据流子系统等应用，而 PS 部分支持单独软件程序或者软件程序和操作系统的开发管理,这种方式使系统整体功能可以恰当地在硬件和软件之间做出划分。PL 和 PS 之间通过 AXI 连接。Zynq-7000 SoC 设计基本流程如图 2.1 所示。

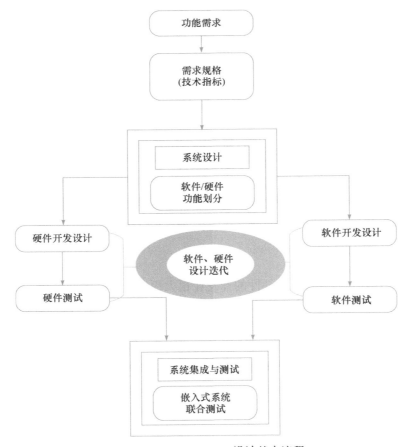

图 2.1　Zynq-7000 SoC 设计基本流程

1. 功能需求

从功能需求开始定义系统的功能，即用户期望的系统行为。任何项目都始于基于项目的需求评估目标系统的技术参数。

2. 需求规格

从一系列功能需求中梳理正确的需求规格，给出技术指标。在进行实际的设计工作以前，尽可能完整和准确地定义系统参数是非常重要的。技术参数包含很多方面，如该设计的计划功能、接口、性能标准及目标设备或平台。规范的具体内容取决于项目的要求和范围，尽管需求规格在最初阶段就已详细定义，但是随着项目的推进，它很可能会变化，细节的层次也会扩展。

3. 系统设计

系统设计即把用户期望的功能恰当地划分成硬件和软件，并定义两个部分之间的接口，这个划分根据后期需要还可以调整。Zynq-7000 SoC 的一个特别的优势就是处理器和可编程逻辑之间的强耦合，即两者部署于同一设备上。在 PS 和 PL 之间以低延时、高性能的 AXI 连接，这使得性能不同的两种资源可以在系统分割为软件和硬件两部分时同时发挥其最高性能。与两者分离的系统相比，这种模式大大减少了通信开销，提升了系统性能。

硬件/软件划分，又称硬件/软件协同设计，是嵌入式系统设计的重要阶段。设计合理，能使系统性能产生显著的提升。硬件/软件划分的过程主要是根据 Zynq-7000 SoC 的特点决定系统的哪些部分应该用硬件实现，哪些部分应该用软件实现。一般来说，软件（在 PS 端）常常用来完成一些一般性顺序执行的任务，如操作系统、用户应用程序及图形界面，而偏向于数据流计算的任务则更加适合于在 PL 端实现。还有那些具有并行限制的软件算法，也应该考虑在 PL 端实现，这样可以把处理器从那些重在计算并且具有并行性的任务中解放出来，改为硬件处理，从而在整体上提升性能。

4. 软件/硬件开发与测试

软件/硬件划分之后，软件和硬件的开发在很大程度上可以同时进行。硬件开发任务是标志出实现设计必需的功能模块，然后通过设计重用或者新 IP 开发的某些组合方式将这些模块组装起来，并在模块间形成正确的连接。相应地，项目的软件功能也可以通过开发定制代码或选择重用之前已有的软件实现。软件和硬件都需要被验证和测试，这也是开发过程中构成整体必需的和重要的部分。

1）硬件开发与测试

硬件开发设计流程如图 2.2 所示，包括在 PL 上设计、实现的外部模块和其他逻辑单元，在这些模块和 PS 之间创建合适的连接，以及恰当地配置 PS。硬件系统开发可以使用 Xilinx 的 Vivado IDE 开发套件进行，开发者可以从 IP 库中选出模块组成期望的系统架构、配置模块参数，进行接口约束，以及设计合适的内部连接和外部接口，最后进行综合与实现，生成比特流文件，导出硬件设计到软件开发工具包（software development kit，SDK），其间可以进行验证与测试。

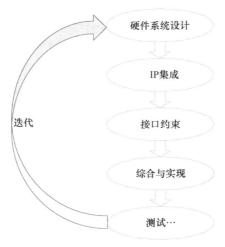

图 2.2　硬件开发设计流程

　　硬件系统测试有多种机制。首先，使用 IP 积分器（IP integrator）创建系统框图时，会有一系列设计规则检查（design rule check，DRC）。这样保证了设计最基本的完整性和正确性，如检查需求的连接是否都正确接上。系统框图检查（或者验证）通过后，接下来进行综合和实现。其中每一个阶段都包含着更多对于细节流程和完整性设计的检查，若有需要注意的问题，则 Vivado 会标记出其中的错误。当硬件系统设计迭代完成后，工程将导出到 SDK 进行软件设计。软硬件间功能划分的设计也可以根据需要进行迭代，如图 2.2 所示，包括返回 Vivado 进行 IP 积分器设计的修改，或者更多的设计内容从软件实现划分到硬件实现。设计过程可以采取软硬件分组编程的方法或者并行地对两方面进行迭代。

　　2）软件开发与测试

　　从 Vivado 导出到 SDK 的硬件设计（如果用到 PL 资源，需要包含比特流）代表为软件的平台而定制的硬件，通常称为"基础硬件系统"或者"硬件平台"对应在 IP 积分器中的配置。软件系统可以认为是建立于基于硬件系统上的一个栈，或者说是一系列层，如图 2.3 所示。在基础硬件系统上一层的是板级支持包（board support package，BSP），它提供底层的驱动和函数供上一层（操作系统）使用和硬件通信；应用程序则运行于操作系统之上，这些共同构成了上层软件，它们和硬件平台抽象分离。创建完软件栈后，设计上的首选就是决定将使用的操作系统：它可以是 Linux 或者 Android 这样成熟的操作系统；也可以是嵌入式操作系统；对于时序严格确定的程序，则可选用实时操作系统（real-time operating system，RTOS）；或者是脱机（standalone），即一个轻型的、包含大多数基本函数的"操作系统"。软件也可以直接和硬件通信，也就是常常提及的"裸跑"应用。由于 Zynq-7000 SoC 是双核架构，也可以部署两个不同的操作系统，每一个使用一个处理器。

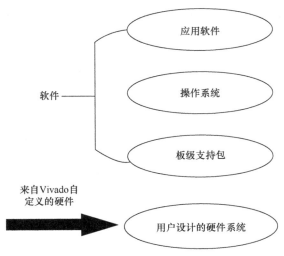

图 2.3　Zynq 设计的软硬件层次

　　板级支持包会针对硬件基础系统进行调整，以保证操作系统在给定的硬件上有效地工作。板级支持包是为基础硬件系统和操作系统之间连接而定制的，包括硬件参数、设备驱动、底层操作系统函数。因此，在 Vivado/SDK 开发期间，如果对基础硬件系统进行了调整，那么也需要更新板级支持包。SDK 提供了创建板级支持包及开发测试上层软件的环境，同样也支持使用第三方开发工具替代 SDK 创建板级支持包。

　　在测试阶段，SDK 包含 Xilinx 微处理器调试器（Xilinx microprocessor debugger，XMD）和系统调试器（system debugger）工具，提供给开发者在硬件平台上运行时测试软件的功能，即 HIL（hardware in the loop）的一种形式。这一过程可以通过使用比特流（".bit" 文件）烧写 Zynq-7000 SoC 的 PL 端，然后在 PS 端运行软件（".elf" 文件）完成。烧写过程通常从主机上通过 JTAG 或者以太网下载程序完成。通过这种方法，无论是基于 PS 端，还是基于 PL 端的系统组件，都会部署并且成为测试的一部分。GNU 符号调试器（GNU symbolic debugger，GDB）是一种更加高级的（建立在 XMD 上）完成远程调试的技术。

　　如图 2.1 所示，根据硬件系统的测试结果，设计者可以从 SDK 返回 Vivado 以做进一步的改进，在导出硬件后先更新板级支持包，然后重新开始软件设计及测试的过程。

5. 系统集成与测试

　　最后，系统的硬件和软件部分必须按照规划阶段定义的接口集成起来，进一步做系统的联合测试。系统集成在一定程度上通过设计中的软件、硬件部分的开发和联合测试完成。然而，还有一些其他要素要纳入考虑。

　　系统级测试将在软件和硬件各自的开发和测试阶段完成之后进行。即使两个部分在各自分离的情况下能够正常运行，但当它们在一起运行时，也可能产生新的问题。另一种调试这种系统级问题的方法就是用软硬件交叉触发器进行嵌入式联合调试。这一过程将 PL 上的集合逻辑分析仪（integrated logic analyzer，ILA）的硬件调试核心和 Zynq-7000

SoC PS 端的结构跟踪模块（fabric trace module，FTM）通过一对输出信号进行连接。当使用软硬件交叉触发器进行联合调试时，软件和硬件的开发工具会结合起来，允许用户通过软件上的断点捕获硬件的数据。对应地，硬件断点也可以在软件开发环境中中止应用程序的调试。

2.2　基于 Vivado 和 SDK 设计的开发流程

本节使用 PYNQ-Z2 开发板，搭建基于 ZYNQ 的 SoC 嵌入式系统工程，使用一个简单的串口打印，来熟悉 PS 端及 Vivado SDK 的开发流程。具体内容为：新建一个 Vivado 工程，使用 ZYNQ 的 IP 核对 PS 端进行配置，调用相应的 SDK 软件，输出"Hello World"。

2.2.1　加载开发板的板载文件

首先把需要使用的 PYNQ-Z2 开发板的板载文件（pynq-z2 文件夹）复制到 Vivado 的安装目录如 "D:\Xilinx201704\Vivado" 下。

具体操作：打开 "D:\Xilinx201704\Vivado\2017.4\data\boards\board_files" 目录，复制 pynq-z2 到此目录下，如图 2.4 所示。

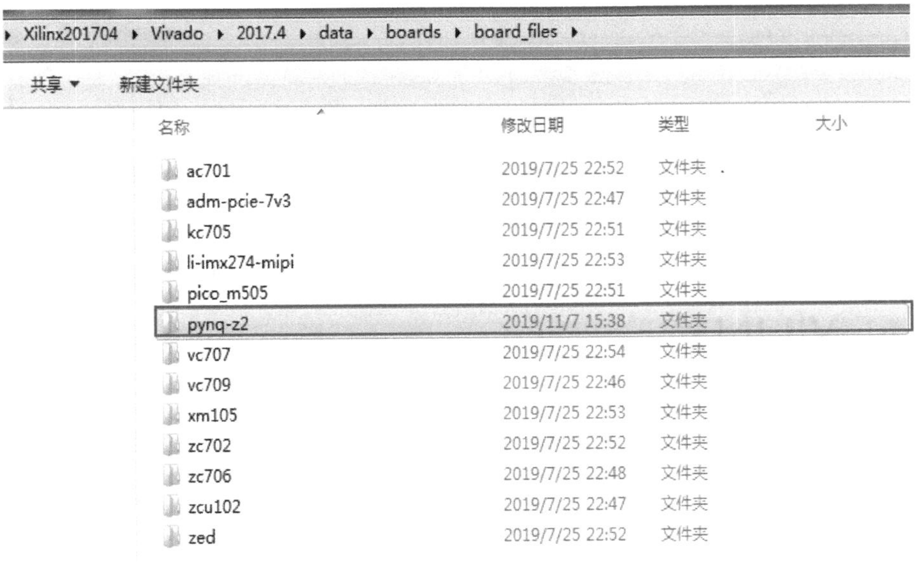

图 2.4　加载 PYNQ-Z2 开发板板载文件

2.2.2　使用 Vivado 创建硬件工程

1. 建立一个 Vivado 工程

（1）打开 Vivado 2017.4，进入如图 2.5 所示界面，在 Quick Start 标题栏下，选择 Create Project 选项，弹出新建工程界面，如图 2.6 所示。

图 2.5　Vivado 开发界面

图 2.6　新建工程界面

（2）在图 2.6 中，单击 Next 按钮，进入如图 2.7 所示界面。

（3）在图 2.7 中，输入工程名 lab1，选择存放路径（路径下不能有中文字符）并勾选 Create project subdirectory 选项。单击 Next 按钮进入如图 2.8 所示界面。

（4）在图 2.8 中，选择建立 RTL Project 选项，并勾选 Do not specify sources at this time。单击 Next 按钮进入 Default Part 界面，如图 2.9 所示。

（5）在图 2.9 中，选择 Boards 选项，在 Search 中输入 pynq 并在给出的选项中选择 pynq-z2，单击 Next 按钮，出现工程摘要界面，如图 2.10 所示。

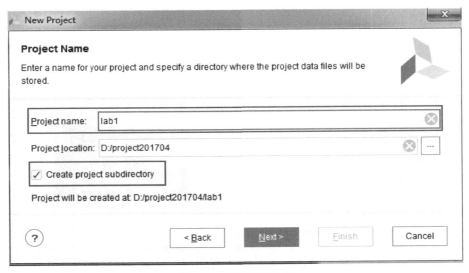

图 2.7　工程信息界面

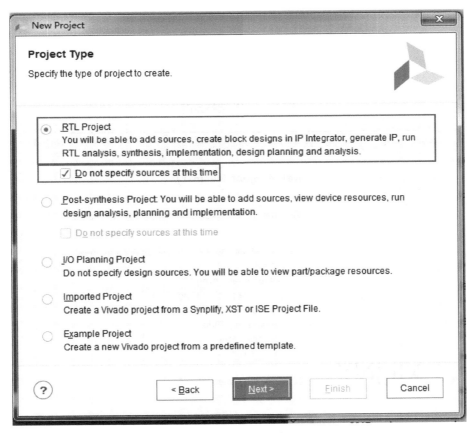

图 2.8　工程类型界面

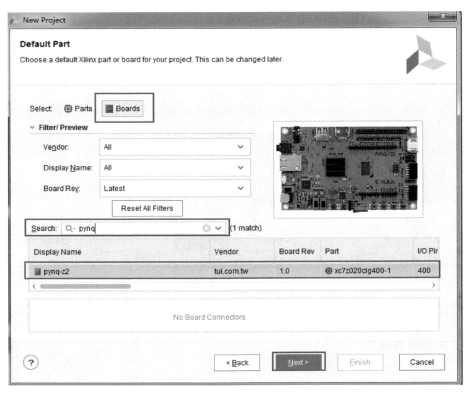

图 2.9　芯片选择界面

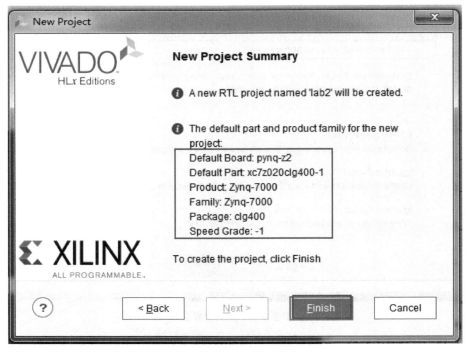

图 2.10　工程摘要界面

（6）在图 2.10 的 New Project Summary 中重新检查所选器件型号是否与开发板芯片型号一致，核对无误后，单击 Finish 按钮，完成工程创建并进入 Vivado 开发界面，如图 2.11 所示。

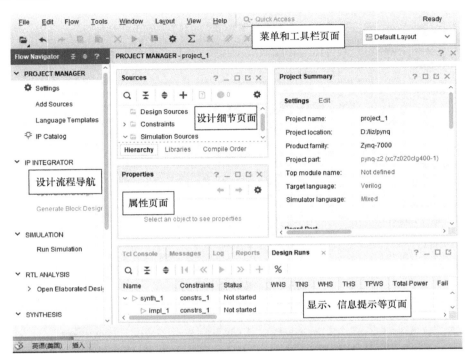

图 2.11　Vivado 开发界面

2. 使用 IP 核建立处理器内核

（1）在如图 2.11 所示界面中，选择 PROJECT MANAGER 目录下的 Create Block Design，弹出如图 2.12 所示界面，在 Design name 中重命名为 system，单击 OK 按钮进入 IP 开发界面，如图 2.13 所示。

（2）在图 2.13 IP 集成主设计页面中单击"+"按钮，或者右击，在弹出的菜单中选择 ADD IP 选项，弹出如图 2.14 所示界面，输入 zynq，在搜索结果列表中双击 ZYNQ7 Processing System，出现如图 2.15 所示选中 IP 核界面。

（3）在图 2.15 中，单击 Run Block Automation，弹出图 2.16 自动预设电路配置界面，在左侧勾选 processing_system7_0；在右侧 Options 项下勾选 Apply Board Preset 选项，加载开发板预设值信息，然后单击 OK 按钮，完成配置。

（4）在图 2.15 中，双击 processing_system7_0，弹出 processing_system7_0 内部结构，如图 2.17 所示，在此界面配置相关的参数。

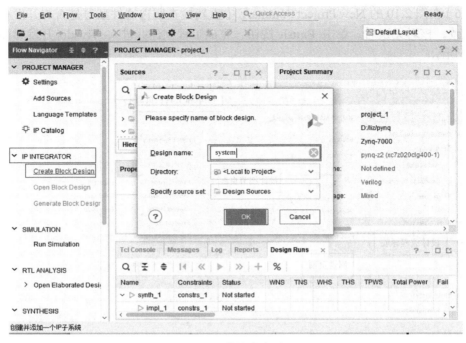

图 2.12　模块命名界面

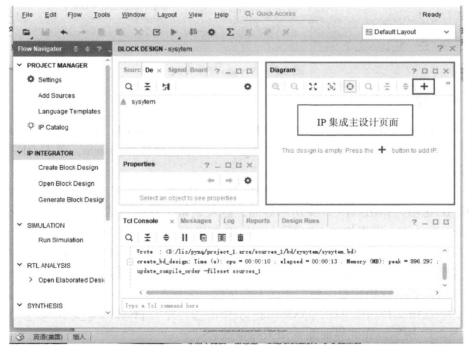

图 2.13　IP 开发界面

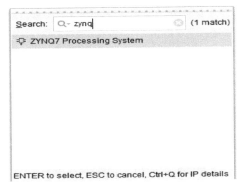

图 2.14　IP 核搜索

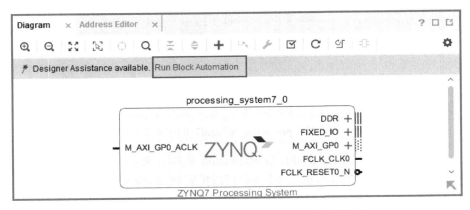

图 2.15　添加 ZYNQ7 Processing System IP 核的设计界面

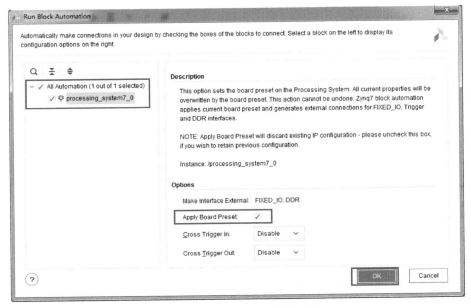

图 2.16　自动预设电路配置界面

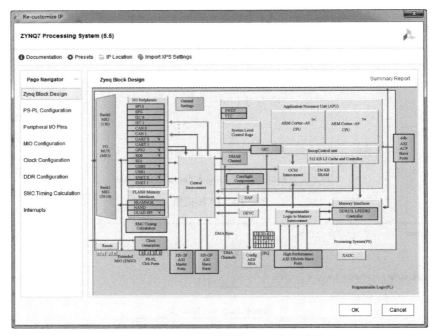

图 2.17　processing_system7_0 内部结构

（5）在图 2.17 中，单击 PS-PL Configuration 选项，展开所有的项目，取消 FCLK_RESET0_N 的勾选，如图 2.18 所示。这个接口可以扩展 PL 端的 AXI 接口外设，所以如果 PL 要和 PS 进行数据交互，都要按 AXI 总线协议进行，Xilinx 提供了大量的 AXI 接口的 IP 核。

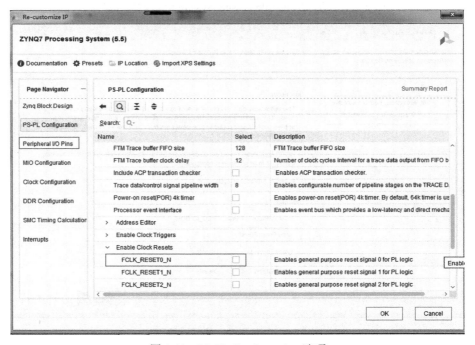

图 2.18　PS-PL Configuration 选项

（6）在图 2.17 中的 MIO Configuration 选项下展开 I/O peripherals 中的所有项目，如图 2.19 所示，将 I/O 外设模块配置为仅支持 UART0，取消除 UART0 以外所有外设（ENT0、USB0、SD0、GPIO），单击 OK 按钮，回到 IP 核界面，如图 2.20 所示。

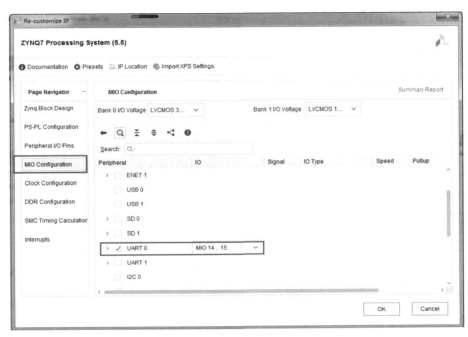

图 2.19　MIO Configuration 选项配置界面

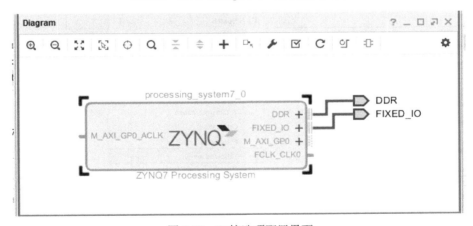

图 2.20　IP 核选项配置界面

（7）在图 2.20 中，手动连接 M_AXI_GP0_ACLK 和 FCLK_CLK0 端口，连接后如图 2.21 所示。

（8）完成内核配置后，右击 processing_system7_0 选择 Validate Design 或者按快捷键 F6 进行设计检验，如图 2.22 所示，检验结果如图 2.23 所示。

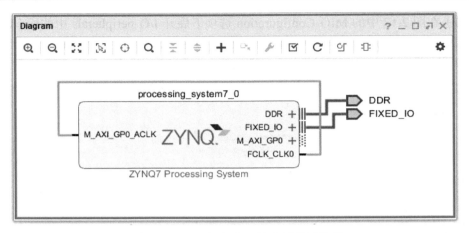

图 2.21　配置完成后 IP 核选项配置界面

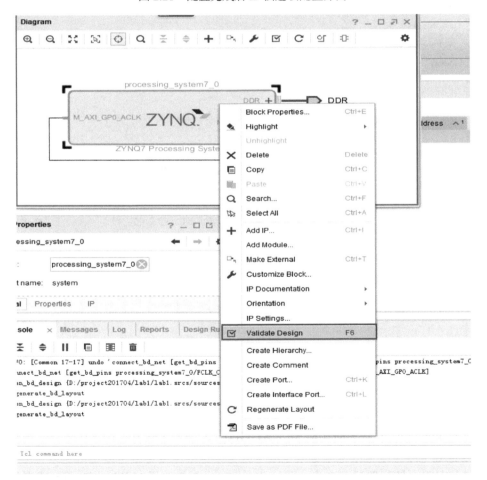

图 2.22　设计检验界面

图 2.23　检验结果

3. 产生输出文件并封装为 HDL 顶层文件

（1）选择 Block 设计，右击 Generate Output Products，如图 2.24 所示。弹出如图 2.25 所示界面，单击 Generate 按钮产生输出文件。

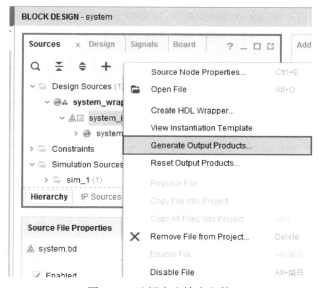

图 2.24　选择产生输出文件

（2）再次选择 Block 设计，右击 Create HDL Wrapper，创建 Verilog 或超高速集成电路硬件描述语言（VHSIC hardware description language，VHDL）顶层文件，如图 2.26 所示。弹出如图 2.27 所示界面，在图 2.27 中选择第二项，即保持默认选项，单击 OK 按钮。

4. 生成输出文件并将硬件平台信息导入 SDK

（1）在图 2.28 中，选择 File→Export→Export Hardware。

（2）在图 2.29 中，不用勾选 Include bitstream，这个工程仅仅使用了 PS 的串行接口，没有 PL 参与。

（3）选择 File→Launch SDK，启动 SDK，如图 2.30 所示。

图 2.25　产生输出文件

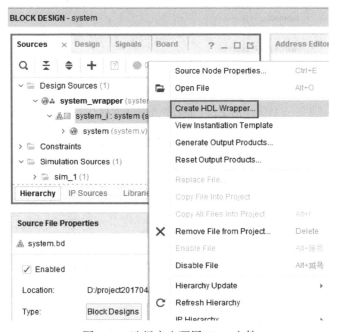

图 2.26　选择产生顶层 HDL 文件

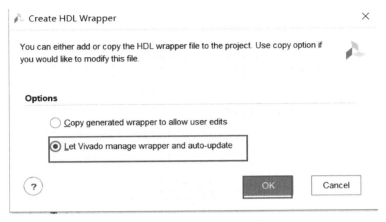

图 2.27　产生顶层 HDL 文件

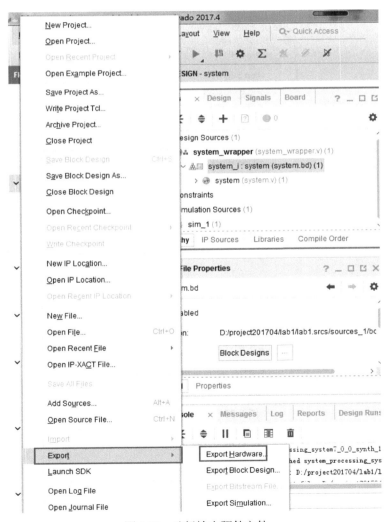

图 2.28　选择输出硬件文件

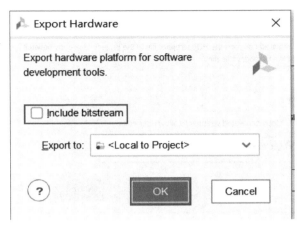

图 2.29 输出硬件文件

图 2.30 启动 SDK 程序

硬件配置完成，接下来就是在 SDK 环境下进行软件开发了。

2.2.3 使用 SDK 开发软件

（1）SDK 启动后会看到一个文件名为"system.hdf"的文件，包含了 Vivado 的硬件设计信息，也可以看到 PS 端外设寄存器列表，如图 2.31 所示。

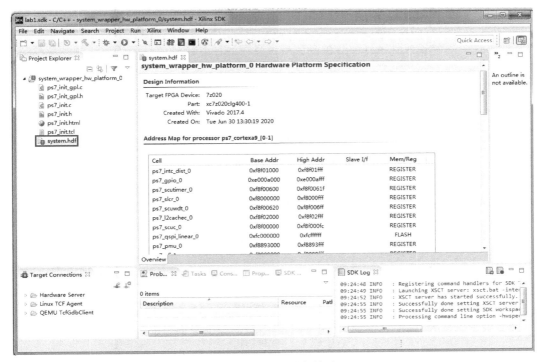

图 2.31　SDK 开发界面

（2）在 SDK 中，如图 2.32 所示，选择 File→New→Application Project，建立一个应用程序（application，APP）工程，弹出图 2.33 所示的建立新 APP 工程界面。

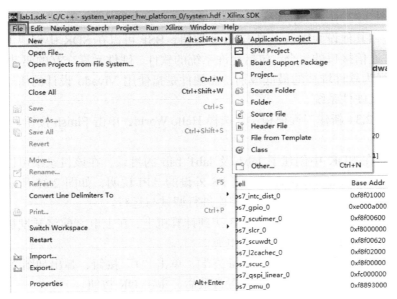

图 2.32　SDK 建立新工程

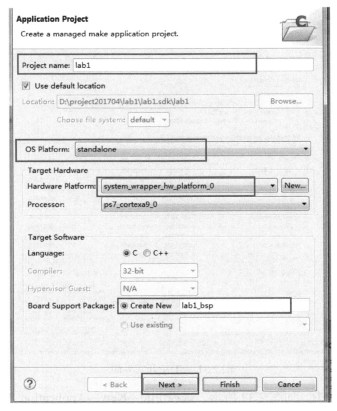

图 2.33　建立新 APP 工程

（3）在图 2.33 中，Project name 中填写 lab1，创建新的板级支持包（BSP），为后续开发提供支持，其他设为默认，单击 Next 按钮；BSP 可以在 SDK 中创建。BSP 是定义的硬件与软件通信接口的集合，包括允许系统的软件、硬件元素交互的驱动程序。因此，可以将 BSP 视为软件堆栈的最低级别，而硬件是指使用 Vivado 设计的用于在目标设备上部署的自定义硬件系统。

（4）在图 2.34 新建工程模板中，选择 Hello World，单击 Finish 按钮，完成 SDK 工程的创建。

（5）此时在 SDK 中创建了 lab1 及 lab1_bsp 的目录，在该目录中可以找到很多信息，如 BSP Documentation 包含了一些 PS 外设的 API 说明，如图 2.35 所示；软件工程建立完成，接下来把开发板和计算机相连进行调试与运行。

（6）连接 JTAG 线到开发板，USB 接到计算机上，在上电之前将开发板的启动模式设置为 JTAG，打开 PYNQ-Z2 开发板电源。

（7）在 SDK 中选择 SDK Terminal 终端，单击"+"按钮，弹出如图 2.36 所示的配置调试串口参数界面，按照图 2.36 设置参数后，单击 OK 按钮。

（8）开发板上电之后，右击 lab1，选择 Run As→ Run Configurations，如图 2.37 所示。

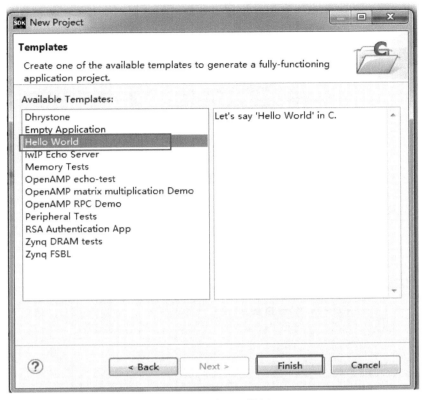

图 2.34　新建工程模板 1

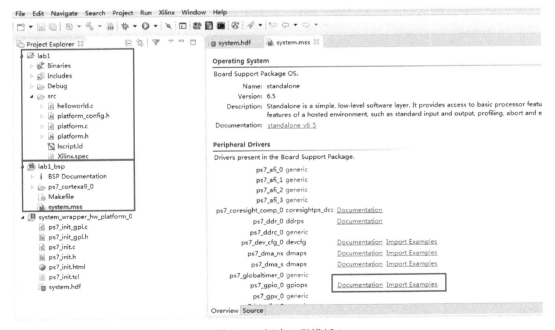

图 2.35　新建工程模板 2

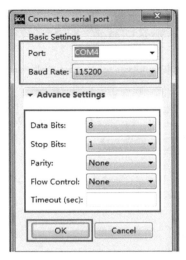

图 2.36　配置调试串口参数

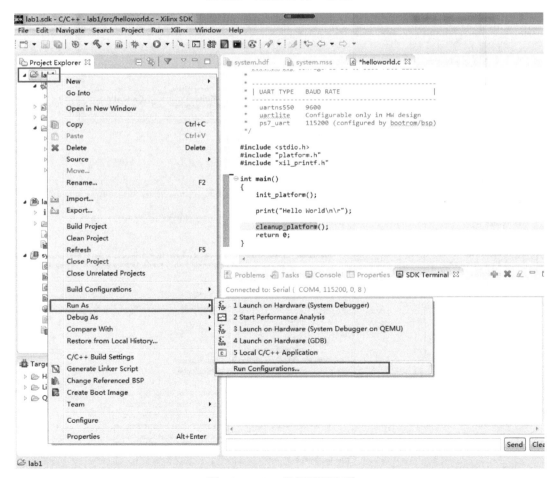

图 2.37　SDK 运行配置选项

（9）在图 2.38 中，单击 Run 按钮运行程序。

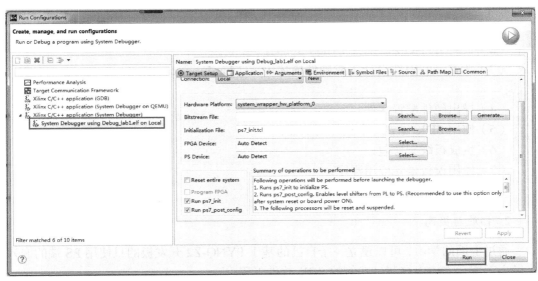

图 2.38　配置运行界面

（10）运行结果如图 2.39 所示。

图 2.39　运行结果

至此，我们完成了只用 PS 端的最小系统建立工程和调试的工作。

2.2.4　知识与实验拓展

1. 复习与总结

2.2.3 节使用 PYNQ-Z2 开发板搭建了基于 ZYNQ 的 SoC 嵌入式系统工程，只使用

PS 端，并在 SDK 中完成了"Hello World"的输出，实现了第一个嵌入式程序。

总结如下：

（1）使用 Vivado 建立一个 Zynq 硬件设计新工程；

（2）针对 ZYNQ-Z2 配置 Zynq PS 部分；

（3）为 Zynq 硬件设计生成硬件描述语言（hardware description language，HDL）文件；

（4）导出硬件配置文件；

（5）使用 SDK 建立一个软件新工程；

（6）生成板级支持包；

（7）使用模板建立应用程序；

（8）在 SDK 中调试运行程序。

2. 拓展与提高

通过上面的学习，可以建立一个自己的基于 PYNQ-Z2 开发板的只使用 PS 端的嵌入式最小系统，完成内存测试功能的 SDK 软件工程。

具体内容：新建一个 Vivado 工程，调用 ZYNQ 的 IP 核，对 PS 端进行配置，调用相应的 SDK 软件，完成 PYNQ-Z2 的内存测试功能。

内存测试实验结果如图 2.40 所示，这里仅供参考。

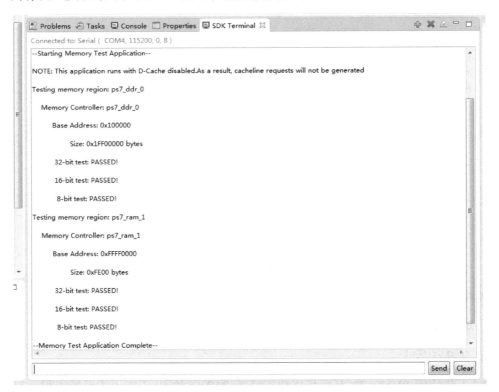

图 2.40　内存测试运行结果

2.3　Zynq 的启动流程和启动镜像文件制作方法

前面的工程案例是通过 JTAG 先下载比特流文件，再下载 elf 文件，之后单击 Run As 按钮运行的程序。JTAG 方法是通过工具命令语言（tool command language，TCL）脚本初始化 PS，然后用 JTAG 收发信息，可用于在线调试。但是这样只要一断电，程序就丢失了。

怎么把程序放在 SD 卡或者烧写到 QSPI（queued serial peripheral interface）Flash 里运行呢？本实验讲解如何固化程序，通过制作镜像文件，将镜像文件复制到 SD 卡或者烧写到 QSPI Flash 中，然后将拨码开关拨到 SD 启动或者拨到 QSPI 启动，那么每次断电之后程序都会自动从 SD 或者 QSPI 启动，程序固化后就不会掉电丢失了。

2.3.1　Zynq-7000 SoC 启动流程

在 PS 的控制下，Zynq-7000 SoC 可以安全和非安全地配置所有 PS 和 PL。通过 Zynq-7000 SoC 提供的 JTAG 接口，用户可以在外部主机控制下对 Zynq-7000 SoC 进行配置。与 Xilinx 其他 7 系列不同的是，Zynq-7000 SoC 并不支持最开始的 PL 控制配置过程。

和大多数 ARM 启动过程一样，Zynq-7000 SoC 启动过程也分为三个阶段，如图 2.41 所示，两个必选阶段和一个可选阶段。这三个阶段分别称为阶段 0、阶段 1 和阶段 2。

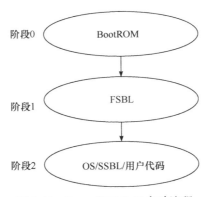

图 2.41　Zynq-7000 SoC 启动流程

阶段 0：即传统的 BootROM 阶段，Zynq 芯片中有一个 ROM 固化了一段不可修改的代码，只要 Zynq 一上电，这段程序就会执行，它对 Zynq 的 NAND、NOR、SD 等基本外设控制器进行初始化。BootROM 代码把第一阶段引导加载（first stage boot loader，FSBL）程序代码复制到片上存储器（OCM）中，然后启动 FSBL 程序。

阶段 1：FSBL 阶段。阶段 1 要做的就是：首先配置 PS 部分，PS 完成初始化后，再配置 PL 部分，最后还可以加载阶段 2 的代码。

阶段 2：这一阶段是可选的，主要是完成用户自定义的启动代码。也可以是第二阶段启动引导加载（second stage boot loader，SSBL）程序阶段，如 Linux 系统启动过程。

接下来要实现 SD 卡和 QSPI 启动镜像制作的实验，即制作 FSBL 程序启动镜像，生成"BOOT.bin"和"BOOT.scm"文件。

2.3.2　启动文件的生成与下载

1. Vivado 工程建立

本实验选择 lab1 工程做启动镜像，在建立 lab1 工程、配置 PS 时，只选用了串口 UART0，没有使能 QSPI 和 SD 卡，要做镜像程序必须使能 QSPI 或 SD 卡。

（1）用 Vivado 2017.4 打开工程 lab1，选择 File→Save Project As，将 lab1 工程另存一份，改为 lab1_to_ usb_qspi，单击 OK 按钮，如图 2.42 所示。

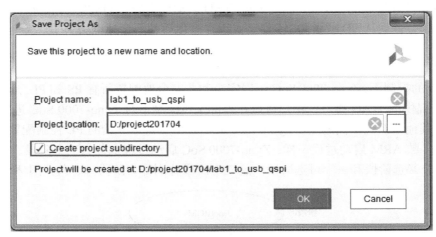

图 2.42　另存工程文件

（2）在 Vivado 2017.4 中，打开 Open Block Design，双击 Block 图中的 processing_system7_0，弹出 processing_system7_0 内部结构。如图 2.43 所示配置相关的参数：添加 QSPI，使用 MIO1-6；添加 SD0 控制器，使用 MIO40-45；使用扩展卡（transflash，TF）接口。

（3）选择 Generate Output Products；右击 processing_system7_0，选择 Create HDL Wrapper；选择 Export Hardware；单击 File，选择 Launch SDK。

2. 生成 FSBL 程序

（1）启动 SDK 软件，由于是从其他工程复制而来，以前是 SDK 工程，加上路径变化，又多出一个 hw_platform_1。新建一个名为 b_fsbl 的 APP，特别注意硬件平台选择 system_wrapper_hw_platform_1，如图 2.44 所示。

（2）在图 2.44 中，单击 Next 按钮，出现图 2.45 界面，模板选择 Zynq FSBL，单击 Finish 按钮。

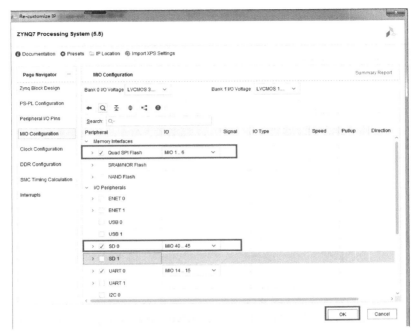

图 2.43　配置 QSPI、SD0

图 2.44　新建 b_fsbl 工程

图 2.45　新建 Zynq FSBL 工程 1

（3）在 SDK 中，右击 b_fsbl 工程，选择 Create Boot Image，如图 2.46 所示。

图 2.46　新建 Zynq FSBL 工程 2

（4）弹出的窗口如图 2.47 所示，可以看到生成的 BIF 文件路径，BIF 文件是生成 BOOT 文件的配置文件，图中还有生成的"BOOT.bin"文件路径，"BOOT.bin"文件是启动文件，可以放到安全数字（secure digital，SD）卡启动，也可以烧写到 QSPI Flash 中。

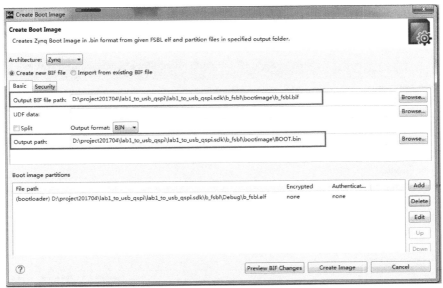

图 2.47　产生启动镜像界面

在 Boot image partitions 列表中有要合成的文件，第一个文件一定是 bootloader 文件，就是上面生成的 "fsbl.elf" 文件，第二个文件是 FPGA 配置文件，这里没有用到 FPGA 部分，所以不用添加。

（5）单击 Add 按钮添加 lab1 工程的 "lab1.elf"，具体操作如图 2.48 所示。

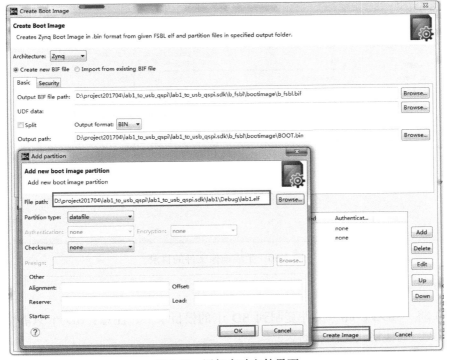

图 2.48　添加启动文件界面

（6）在图 2.49 中，单击 Create Image 按钮生成镜像文件"BOOT.bin"，如图 2.50 所示。

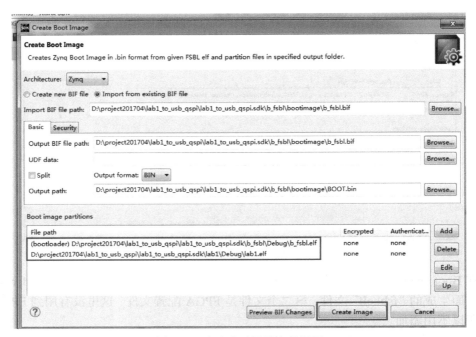

图 2.49　产生启动镜像文件界面

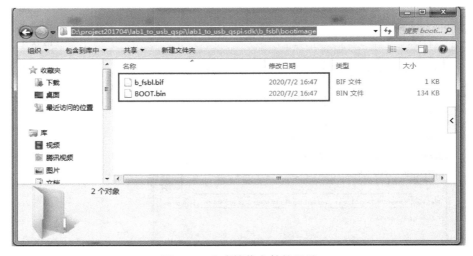

图 2.50　生成镜像文件的目录

3. SD 卡启动测试

（1）将"BOOT.bin"文件复制到 SD 卡的根目录下，注意：SD 卡只能格式化为 FAT32 格式，其他格式无法启动。

（2）SD 卡插入开发板的 SD 卡插槽。

（3）将 PYNQ-Z2 开发板的启动模式调整为 SD 卡启动，然后上电启动。

（4）打开 PuTTY 串口助手，配置参数如图 2.51 所示。

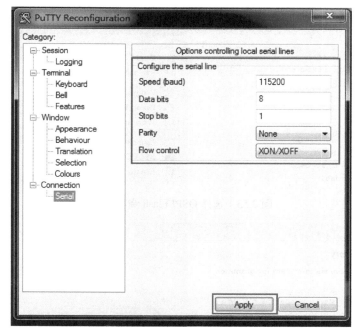

图 2.51　串口参数配置

（5）按开发板的复位按钮（Reset），可以接收程序运行的数据，如图 2.52 所示。

图 2.52　SD 卡启动运行结果

4. QSPI 启动测试

（1）单击 SDK 菜单的 Xilinx → Program Flash，如图 2.53 所示，进入烧写功能。

（2）在图 2.54 中，Hardware Platform 选择最新的硬件平台，Image File 文件选择要烧写的"BOOT.bin"，就是上面生成的文件；FSBL File 选择前面建立的 b_fsbl 工程生成的"fsbl.elf"，然后单击 Program 按钮，等待烧写完成，如图 2.55 所示。

（3）关闭开发板电源，设置启动模式为 QSPI，再次启动。

（4）启动串口助手，按开发板的复位按钮（Reset），可以看到如图 2.52 所示的运行结果。

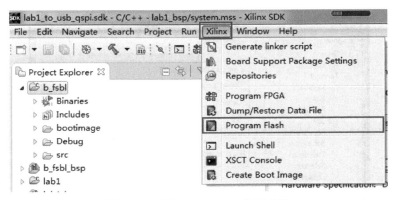

图 2.53　选择 QSPI Flash 烧写功能

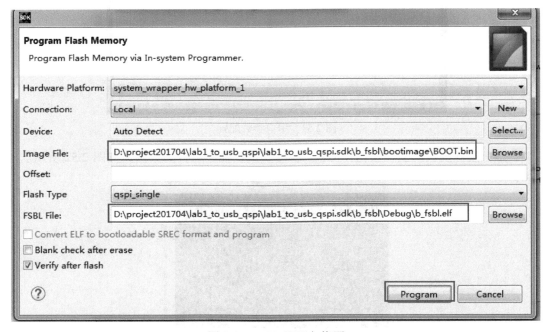

图 2.54　QSPI 配置与烧写

2.3.3　复习与拓展

1. 复习与总结

通过上面制作启动镜像文件"BOOT.bin"的学习，可以知道"BOOT.bin"其实就是由"FSBL.elf"+"该工程.elf"+"该工程.bit"（如果用到 PL 部分）构成的。把"BOOT.bin"文件复制到 SD 卡中，开发板启动模式设置成 SD 卡启动，上电后 BootROM 启动引导程序后，把 SD 卡初始化好了之后，就会把其中的程序复制到 Zynq 的 OCM 中，那么这个

图 2.55　QSPI 烧写成功信息

复制到片上 RAM 执行的程序就是我们制作的文件——"BOOT.bin"，"BOOT.bin"加载到 OCM 上就开始执行了。

总结如下：

（1）掌握 uboot 的启动顺序；

（2）在 Vivado 中增加 SD 卡和 QSPI 外设；

（3）使用 SDK 制作 FSBL 工程；

（4）制作镜像文件；

（5）掌握从 SD 卡和 QSPI Flash 启动镜像程序的方法。

2. 实践与提高

在掌握了制作 SD 卡和 QSPI 启动镜像程序方法的基础上，读者可以为自己创建的内存测试工程制作 SD 卡和 QSPI 启动镜像程序，完成启动过程。

2.4　Zynq 开发流程总结

基于 Vivado 和 SDK 的 Zynq 的开发流程如下：

（1）在 Vivado 中新建工程，增加一个嵌入式的源文件。

（2）在 Vivado 中添加和配置 PS 和 PL 部分的基本外设，或添加自定义的外设。

（3）在 Vivado 中生成顶层 HDL 文件，并添加约束文件，再编译生成比特流文件（"*.bit"，如果使用了 PL 部分）。

（4）导出硬件信息到 SDK 软件开发环境，在 SDK 环境中可以编写一些调试软件验证硬件和软件，结合比特流文件单独调试 Zynq 系统。

（5）在 SDK 中生成 FSBL 文件。

（6）在 VMware 虚拟机中生成 "u-boot.elf" "bootloader" 镜像。

（7）在 SDK 中通过 FSBL 文件、比特流文件 "system.bit" 和 "u-boot.elf" 文件生成一个 "BOOT.bin" 文件。

（8）在 VMware 中生成 Ubuntu 的内核镜像文件 Zimage 和 Ubuntu 的根文件系统。另外还需要对 FPGA 自定义的 IP 编写驱动程序。

（9）把 BOOT、内核、设备树、根文件系统文件放入 SD 卡中，启动开发板电源，Linux 操作系统会从 SD 卡启动。

以上是典型的 Zynq 开发流程，但是 Zynq 也可以单独作为 ARM 来使用，这样就不需要考虑 PL 端资源，和传统的 ARM 开发没有太大区别。Zynq 也可以只使用 PL 部分，但是 PL 的配置还是要 PS 完成的，就是无法通过传统的固化 Flash 方式把只要 PL 的固件固化起来。

第 3 章　GPIO 原理及应用实现

本章详细介绍 Zynq-7000 SoC 内 GPIO 控制器的结构和功能，在 Vivado 环境下进行硬件属性的配置，并在 SDK 环境下编写软件代码实例。通过本章的学习，使读者熟悉开发基于 Zynq 系统所需的软件工具及开发流程，对处理系统（PS）部分外设进行配置，掌握 SDK 环境下板级支持包应用，掌握调用 SDK 提供的 API 函数方式对 GPIO 模块的寄存器进行读写操作。

3.1　GPIO 原理

3.1.1　GPIO 接口及功能

1. MIO/EMIO 接口

MIO/EMIO 接口在 Zynq-7000 SoC 中是非常重要的概念，实际中用到得也很多。MIO/EMIO 并不属于 ARM Cortex-A9 的外设。MIO 接口仅能对 PS 部分的 54 个芯片引脚进行功能定义，当系统中使用较多外设时，会出现 PS 部分引脚不够用的情况，此时可将一些外设的信号通过 EMIO 接口分配到 PL 部分对应的芯片引脚，以解决 PS 部分引脚资源不足的问题。MIO/EMIO 接口框图如图 3.1 所示。

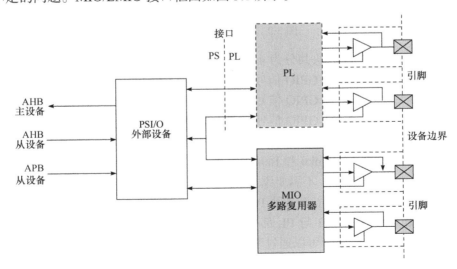

图 3.1　MIO/EMIO 接口框图

2. GPIO 简介

　　GPIO 模块可用于控制 MIO 区域中 54 个外部芯片引脚的状态，同时通过 EMIO 接口提供 64 路输入信号及 128 路输出信号，用于与 PL 部分进行数据交互。GPIO 模块内部分为 4 个区域（Bank0～Bank3），每个区域中任何一个 GPIO 信号都可以动态配置成输入、输出或者中断触发信号。GPIO 模块的控制与状态寄存器采取存储映射方式，它的基地址为 0xE000_A000。GPIO 模块系统结构如图 3.2 所示。

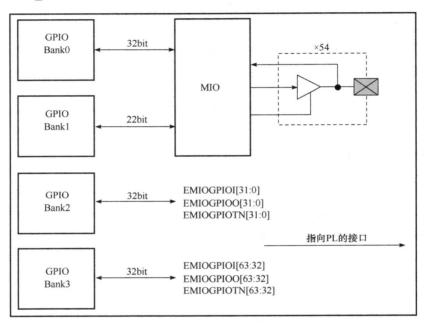

图 3.2　GPIO 系统结构图

　　由图 3.2 可见，GPIO 模块共分为 4 个区域：

　　（1）Bank0，共有 32 路 GPIO 信号，用于控制 MIO 接口中的 31～0 号引脚；

　　（2）Bank1，共有 22 路 GPIO 信号，用于控制 MIO 接口中的 53～32 号引脚；

　　（3）Bank2，共有 32 路 GPIO 信号，用于控制 EMIO 接口中的 31～0 号引脚；

　　（4）Bank3，共有 32 路 GPIO 信号，用于控制 MIO 接口中的 63～32 号引脚。

　　MIO 分配在 GPIO 的 Bank0 和 Bank1，隶属于 PS 部分，共 54 个引脚，这些 I/O 与 PS 直接相连，如图 3.2 所示。不需要添加引脚约束，MIO 信号对 PL 部分是透明、不可见的，所以对 MIO 的操作可以看成纯 PS 的操作。

　　EMIO 的 Bank2 和 Bank3 与 PL 部分相连。EMIO 有 64 个引脚可供使用，如图 3.2 所示。当 MIO 不够用时，PS 可以通过驱动 EMIO 控制 PL 部分的引脚。

3.1.2　Zynq GPIO 的相关寄存器配置

　　GPIO 模块涉及的相关寄存器如表 3.1 所示。

表 3.1　GPIO 相关寄存器

功能模块	寄存器名称	寄存器说明
数据读/写	GPIO.MASK_DATA_{3～0}_{MSW,LSW}	位操作寄存器
	GPIO.DATA_{3～0}	32 路输入信号写
	GPIO.DATA_RO_{3～0}	32 路输入信号读
I/O Buffer 控制	GPIO.DIRM_{3～0}	输入/输出方向设定
	GPIO.OEN_{3～0}	输出使能控制
中断控制	GPIO.INT_MASK_{3～0}	中断标志
	GPIO.INT_EN_{3～0}	中断使能
	GPIO.INT_DIS_{3～0}	中断禁止
	GPIO.INT_STAT_{3～0}	中断状态
	GPIO.INT_TYPE_{3～0}	中断类型
	GPIO.INT_POLARITY_{3～0}	中断极性选择
	GPIO.INT_ANY_{3～0}	当采用边沿触发时，用于决定上升与下降沿都触发

　　GPIO 的内部结构、内部数据流及寄存器结构如图 3.3 所示，上半部分为 GPIO 中断相关的寄存器，下半部分为 GPIO 查询方式读写的寄存器。

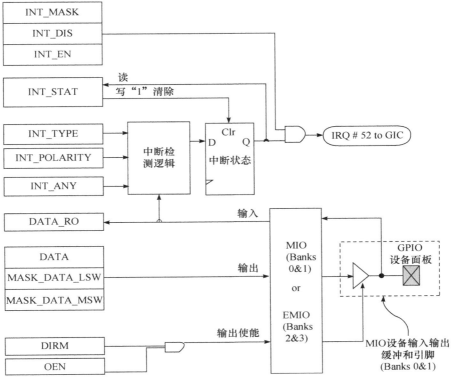

图 3.3　GPIO 功能寄存器描述

1. DATA_RO 寄存器

DATA_RO 寄存器为读取 GPIO 引脚值寄存器,无论该 GPIO 引脚配置为输入还是输出,都能正确读取该 GPIO 引脚值。如果该引脚的功能没有配置成 GPIO 功能,那么读取的值为随机值,因为该寄存器只能读取 GPIO 引脚值。

2. DATA 寄存器

DATA 寄存器内部的值是要输出到 GPIO 引脚上的数值,当读取该寄存器的数值时,结果是前一次写入 DATA 寄存器里的数值,而不是当前 GPIO 引脚的数值。

3. MASK_DATA_LSW 和 MASK_DATA_MSW 寄存器

传统的数据寄存器(DATA)和屏蔽寄存器(MASK)结合而成数据掩码寄存器,该寄存器有 32 位,分成高 16 位和低 16 位,其中,高 16 位作为传统的 MASK 使用,低 16 位作为传统的 DATA 使用。因此,MASK_DATA_LSW 是对 GPIO 的 16 位引脚进行设置和屏蔽寄存器。当某位在 MASK_DATA_LSW 高 16 位屏蔽时,即使修改 MASK_DATA_LSW 低 16 位的数据,也不影响该位 GPIO 值。

4. DIRM 寄存器

DIRM 寄存器为方向控制寄存器,控制 GPIO 的输入或者输出,该寄存器值不影响输入,即 GPIO 输入功能始终有效。

5. OEN 寄存器

OEN 寄存器为输出使能寄存器,当 GPIO 引脚配置成输出引脚时,该寄存器控制该引脚是否输出;当 OEN[x] = 0 时,使能输出;当 GPIO 引脚配置成输出禁止时,该引脚为三态;当 OEN[x] = 0 时,输出无效。

3.1.3　GPIO 编程实例

1. GPIO 编程流程

GPIO 编程流程包括硬件复位、启动时钟、GPIO 引脚配置、将数据写到 GPIO 输出引脚、从 GPIO 引脚读数据、GPIO 作为唤醒事件等。

1)GPIO 的启动

GPIO 的启动包括硬件复位、启动时钟等。

2)GPIO 引脚配置

GPIO 控制器中的每个引脚都可以单独配置为输入/输出。

例如,配置 MIO 引脚 10 为输出,过程如下。

(1)设置为输出方向:将 0x0000_0400 写入"gpio.DIRM_0"寄存器。

(2)使能输出:将 0x0000_0400 写入"gpio.OEN_0"寄存器。

注意:只有将 GPIO 引脚配置为输出时,输出使能才有意义。

又如，配置 MIO 引脚 10 为输入，过程如下。

设置为输入方向：将 0x0 写入"gpio.DIRM_0"寄存器。

3）将数据写到 GPIO 输出引脚

例如，将 MIO 引脚 10 置为 1，过程如下：

（1）读"gpio.DATA_0"寄存器，把值保存到临时寄存器 val 中。

（2）将 val[10]置 1。

（3）将已更新的值写到输出引脚，将 val 写入"gpio.DATA_0"寄存器。

4）从 GPIO 引脚读数据

读"gpio.DATA_RO"寄存器值即可。

5）GPIO 作为唤醒事件

使用 MIO 引脚 10 唤醒 CPU，过程如下：

（1）通用中断控制器（GIC）正确配置，禁止关闭与 GPIO 相关的任何时钟。

（2）使能 GPIO 模块在 GIC 的中断请求。

（3）使能 MIO[10]中断，根据要求配置触发器模式。

2. GPIO API 函数说明

在 Xilinx 的 SDK 工具中提供了对 GPIO 控制器进行操作的函数，这些 API 在 "xgpiops.h"头文件中定义如下。

（1）XGpioPs_Config * XGpioPs_LookConfig（u16 DeviceID）：根据唯一的设备 ID 号 DeviceID 查找设备配置。根据该号，该函数返回一个配置表。

（2）u32 XGpioPs_CfgInitialize（XGpioPs * InstancePtr, XGpioPs_Config * ConfigPtr, u32 EffectiveAddr）：该函数用于初始化一个 GPIO 实例，包括初始化该实例的所有成员。

（3）void XGpioPs_SetDirectionPin（XGpioPs * InstancePtr, u32 Pin, u32 Direction）：该函数为指定的引脚设置方向。

（4）void XGpioPs_SetOutputEnablePin（XGpioPs * InstancePtr, u32 Pin, u32 OpEnable）：该函数设置指定引脚的输出使能。

（5）u32 XGpioPs_ReadPin（XGpioPs * InstancePtr, u32 Pin）：该函数从指定的引脚读取数据。

（6）void XGpioPs_WritePin（XGpioPs * InstancePtr, u32 Pin, u32 Data）：该函数向指定的引脚写数据。

3. AXI GPIO 核的 API 函数说明

在 Xilinx 的 SDK 工具中，提供了对 AXI GPIO 核控制器进行操作的函数，这些 API 在 "xgpio.h"头文件中定义如下。

（1）XGpio_Config *XGpio_LookupConfig（u16 DeviceID）：该函数根据唯一的设备 ID 号 DeviceID，在系统设备配置表查找该设备配置，返回该设备配置信息。

（2）int XGpio_CfgInitialize（XGpio *InstancePtr, XGpio_Config * Config, UINTPTR EffectiveAddr）：该函数根据配置信息初始化一个 XGPIO 实例，包括初始化该实例的所有成员。

（3）int XGpio_Initialize（XGpio * InstancePtr, u16 DeviceId）：该函数根据唯一的设备 ID 号 DeviceID 的配置信息初始化一个 XGPIO 实例，包括初始化该实例的所有成员。它调用（1）和（2）函数，完成 GPIO 的初始化工作。

（4）void XGpio_SetDataDirection（XGpio *InstancePtr, unsigned Channel, u32 DirectionMask）：该函数为指定通道的数据设置数据输入/输出方向，对应的比特位为 0 设置为输出，1 设置为输入。

（5）u32 XGpio_GetDataDirection（XGpio *InstancePtr, unsigned Channel）：该函数读取指定通道的输入/输出方向的数据。

（6）u32 XGpio_DiscreteRead（XGpio *InstancePtr, unsigned Channel）：该函数从指定的通道读取数据。

（7）void XGpio_DiscreteWrite（XGpio *InstancePtr, unsigned Channel, u32 Mask）：该函数向指定的通道写数据。

（8）void XGpio_DiscreteClear（XGpio * InstancePtr, unsigned Channel, u32 Mask）：该函数向指定的通道输出逻辑 0。

4. 实现 GPIO 的三种方式

Zynq-7000 SoC 有三种 GPIO，分别是 MIO、EMIO 和 AXI_GPIO。MIO 和 EMIO 使用 PS 部分的 GPIO 模块实现 GPIO 功能，支持 54 个 MIO（可输出三态）、64 个输入和 128 个输出（64 个输出和 64 个输出使能）EMIO，对 GPIO 控制器进行操作的函数定义在"xgpiops.h"中。另外，EMIO 模块虽然使用 PS 部分的 GPIO，但也使用了 PL 部分的引脚资源。而 IP 方式是在 PL 部分实现 GPIO 功能，PS 部分通过 M_AXI_GP 接口控制该 GPIO IP 模块，对 GPIO 控制器进行操作的函数定义在"xgpio.h"中。下面给出三种实现 GPIO 方式的方法。

1）MIO 方式实现 GPIO

在 Vivado 的 processing_system7_0 参数设置中，选中 MIO Configuration，如图 3.4 所示，选中打开 GPIO，其下自动显示可用于 GPIO 的 MIO（当 MIO 作为其他功能时就不能作为 GPIO 使用了），输出硬件设计到 SDK。

注意：输出硬件时不需选中 Include bitstream，因为没有用到 Zynq-7000 SoC 的 PL 部分。

在 SDK 下建立工程，软件代码如下：

```
1.    #include "xgpiops.h"
2.    #include "sleep.h"
3.    int main（void）
4.    {
5.        static XGpioPs psGpioInstancePtr;
6.        XGpioPs_Config* GpioConfigPtr;
```

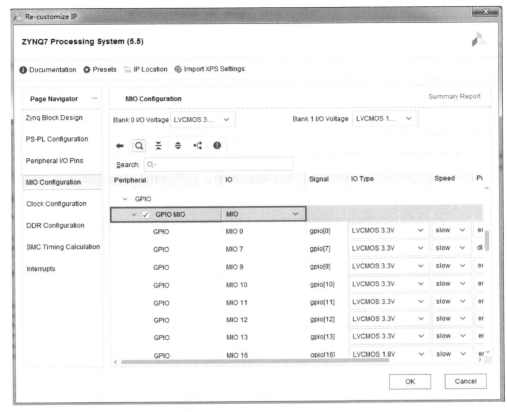

图 3.4　MIO 实现 GPIO 方式

```
7.        int iPinNumber= 7;           //假设 LED 连接的是 MIO 引脚 7
8.        u32 uPinDirection = 0x1;     //1 表示输出，0 表示输入
9.        int xStatus;
10.       //--MIO 的初始化
11.       GpioConfigPtr = XGpioPs_LookupConfig(XPAR_PS7_GPIO_0_DEVICE_ID);
12.       if (GpioConfigPtr == NULL)
13.            return XST_FAILURE;
14.            xStatus = XGpioPs_CfgInitialize(&psGpioInstancePtr,
15.            GpioConfigPtr,GpioConfigPtr->BaseAddr);
16.       if (XST_SUCCESS != xStatus)
17.            print(" PS GPIO INIT FAILED \n\r");
18.       else
19.            print(" PS GPIO INIT succeed \n\r");
20.       //--MIO 的输入/输出操作
21.       XGpioPs_SetDirectionPin(&psGpioInstancePtr,iPinNumber,
22.       uPinDirection); //配置 MIO 输出方向
23.       XGpioPs_SetOutputEnablePin(&psGpioInstancePtr,
24.       iPinNumber,1); //配置 MIO 的第 7 位输出
25.       while(1)
26.       {
27.            XGpioPs_WritePin(&psGpioInstancePtr,
28.            iPinNumber, 1); //点亮 MIO 的第 7 位输出 1
```

```
29.          usleep(1000000);   //延时
30.          XGpioPs_WritePin(&psGpioInstancePtr,
31.          iPinNumber, 0);   //熄灭 MIO 的第 7 位输出 0
32.          usleep(1000000);   //延时
33.      }
34.     return 0;
35.  }
```

思考：根据 API 函数文档，分析上面代码实现的功能。

2）EMIO 方式实现 GPIO

在 Vivado 的 processing_system7_0 参数设置中，选中 MIO Configuration，如图 3.5 所示，勾选 EMIO GPIO，并选择位宽（这里用 4 位），Vivado 连接后如图 3.6 所示。

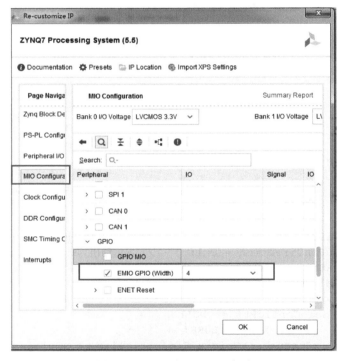

图 3.5　EMIO 实现 GPIO 方式

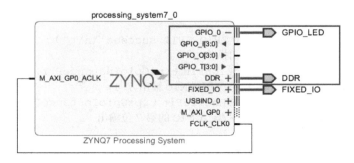

图 3.6　Vivado 中实现 EMIO 连线图

由图 3.6 可以看到，除了 FIXED-IO 和 DDR 接口，还多了 4 个 4 对（每对都有一个输入、一个输出和一个输出使能 GPIO 引脚）GPIO 引脚。不同于 MIO，这里 4 个 I/O 引脚（一个输入、一个输出和一个输出使能在自动生成的顶层模块中合并为一个 I/O）要绑定到芯片对应引脚上。因为用到 PL 部分的资源，为这 4 个引脚进行约束绑定，添加引脚约束 XDC 文件如下：

```
set_property -dict {PACKAGE_PIN R14 IOSTANDARD LVCMOS33 }
                   [get_ports { GPIO_LED_tri_io[0] }]
set_property -dict { PACKAGE_PIN P14   IOSTANDARD LVCMOS33 }
                   [get_ports { GPIO_LED_tri_io[1] }]
set_property -dict { PACKAGE_PIN N16   IOSTANDARD LVCMOS33 }
                   [get_ports { GPIO_LED_tri_io[2] }]
set_property -dict { PACKAGE_PIN M14   IOSTANDARD LVCMOS33 }
                   [get_ports { GPIO_LED_tri_io[3] }]
```

注意：这里绑定的引脚是 PYNQ-Z2 PL 端的 4 个 LED 灯。这种配置输出硬件时需要选中 Include bitstream，因为这里用到了 Zynq-7000 SoC 的 PL 部分。

输出硬件设计到 SDK 后，建立软件工程，编写软件代码如下：

```
1.    #include "sleep.h"
2.    #include "xgpiops.h"
3.    #define LED_0   54
4.    #define LED_1   55
5.    #define LED_2   56
6.    #define LED_3   57
7.    #define LED_ON  1
8.    #define LED_OFF 0
9.    int main ( )
10.   {
11.      int Status;
12.      XGpioPs_Config *ConfigPtr;
13.      XGpioPs Gpio;
14.      ConfigPtr = XGpioPs_LookupConfig (XPAR_PS7_GPIO_0_DEVICE_ID );
15.      Status = XGpioPs_CfgInitialize ( &Gpio, ConfigPtr,
16.      ConfigPtr->BaseAddr );
17.      if ( Status != XST_SUCCESS ){
18.          print ( "cfg init error\n" );
19.          return XST_FAILURE;
20.      }
21.      XGpioPs_SetDirectionPin ( &Gpio, LED_0, 1 );
22.      XGpioPs_SetOutputEnablePin ( &Gpio, LED_0, 1 );
23.      XGpioPs_SetDirectionPin ( &Gpio, LED_1, 1 );
24.      XGpioPs_SetOutputEnablePin ( &Gpio, LED_1, 1 );
25.      XGpioPs_SetDirectionPin ( &Gpio, LED_2, 1 );
26.      XGpioPs_SetOutputEnablePin ( &Gpio, LED_2, 1 );
27.      XGpioPs_SetDirectionPin ( &Gpio, LED_3, 1 );
28.      XGpioPs_SetOutputEnablePin ( &Gpio, LED_3, 1 );
29.      while ( 1 ){
```

```
30.            XGpioPs_WritePin ( &Gpio, LED_0, LED_ON );
31.            usleep ( 1000000 );
32.            XGpioPs_WritePin ( &Gpio, LED_1, LED_ON );
33.            usleep ( 1000000 );
34.            XGpioPs_WritePin ( &Gpio, LED_2, LED_ON );
35.            usleep ( 1000000 );
36.            XGpioPs_WritePin ( &Gpio, LED_3, LED_ON );
37.            usleep ( 1000000 );
38.            XGpioPs_WritePin ( &Gpio, LED_0, LED_OFF );
39.            usleep ( 1000000 );
40.            XGpioPs_WritePin ( &Gpio, LED_1, LED_OFF );
41.            usleep ( 1000000 );
42.            XGpioPs_WritePin ( &Gpio, LED_2, LED_OFF );
43.            usleep ( 1000000 );
44.            XGpioPs_WritePin ( &Gpio, LED_3, LED_OFF );
45.            usleep ( 1000000 );
46.        }
47. }
```

思考：根据 API 函数文档，分析上面代码实现的功能。

注意：这种方式类似于 MIO 方式（都为 PS 部分 GPIO 操作），对应引脚设置为输出并设置输出使能，但要注意这里的 GPIO 号是从 54 开始的 4 个。

3）IP 核方式实现 GPIO

使用 IP 核方式时，如图 3.7 所示，GPIO 中 MIO 和 EMIO 都不选择，但要打开 M_AXI_GP 接口（这里选择 M_AXI_GP0）和复位引脚，由于用到了 PL 部分逻辑，至少需要一个时钟输出到 PL 部分，这里选择 FCLK_CLK0。

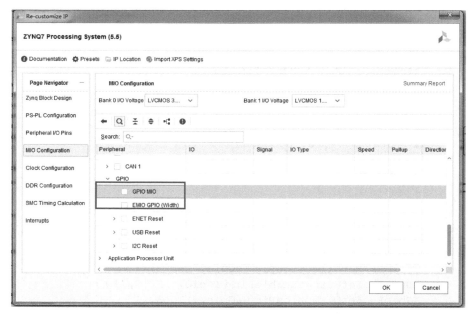

图 3.7　IP 核方式的 MIO 配置图

添加 AXI GPIO IP 核，配置如图 3.8 所示，这里选用 PYNQ 板载 4 位 LED，leds 4bits。与 EMIO 类似，需要将这 4 个 GPIO 引脚绑定到芯片对应引脚上，使用了 PYNQ-Z2 的板载文件，已经预设好了，不需要自己添加。如果用户添加了自定义引脚，那么需要自己添加引脚约束文件。

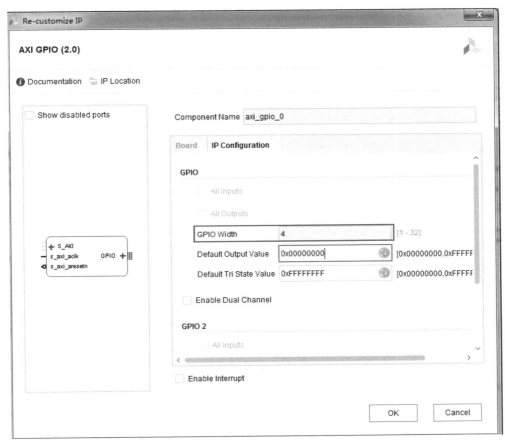

图 3.8 IP 核方式的 GPIO 配置图

GPIO 设置好后，再单击上面自动连接（Run Connection Automation）选项，最后 Vivado 中连接如图 3.9 所示。注意：这种配置输出硬件时也需要选中 Include bitstream，因为也用到了 Zynq-7000 SoC 的 PL 部分资源。

输出硬件设计到 SDK 后，建立软件工程，编写软件代码如下：

```
1.    #include <stdio.h>
2.    #include "xgpio.h"
3.    #include "sleep.h"
4.    #define AXI_GPIO_DEVICE_ID  XPAR_GPIO_0_DEVICE_ID
5.    #define XGPIO_Channel1        1
6.    #define LED_0_PIN         0x01
7.    #define LED_1_PIN         0x02
8.    #define LED_2_PIN         0x04
```

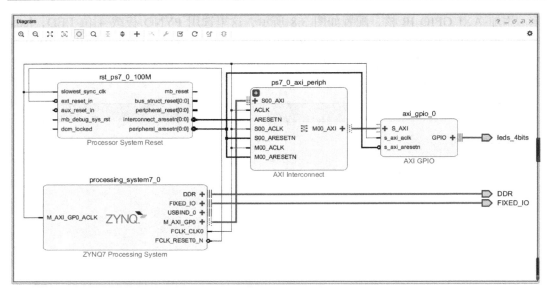

图 3.9　Vivado 中 IP 方式实现 GPIO 连线图

```
9.    #define LED_3_PIN        0x08
10.   int main(void)
11.   {
12.       XGpio_Config *XGpioCfg;
13.       XGpio;
14.       int Status;
15.       XGpioCfg = XGpio_LookupConfig(AXI_GPIO_DEVICE_ID);
16.       Status = XGpio_CfgInitialize(&XGpio,
17.       XGpioCfg,XGpioCfg->BaseAddress);
18.       if (Status != XST_SUCCESS){
19.           return XST_FAILURE;
20.        }
21.       XGpio_SetDataDirection(&XGpio, XGPIO_Channel1, 0x0);
22.       while (1){
23.           XGpio_DiscreteWrite(&XGpio, XGPIO_Channel1, LED_0_PIN);
24.           usleep(1000000);
25.           XGpio_DiscreteWrite(&XGpio, XGPIO_Channel1,
26.           LED_0_PIN|LED_1_PIN);
27.           usleep(1000000);
28.           XGpio_DiscreteWrite(&XGpio,XGPIO_Channel1,
29.           LED_0_PIN|LED_1_PIN|LED_2_PIN);
30.           usleep(1000000);
31.           XGpio_DiscreteWrite(&XGpio,XGPIO_Channel1,
32.           LED_0_PIN|LED_1_PIN|LED_2_PIN|LED_3_PIN);
33.           usleep(1000000);
34.           XGpio_DiscreteWrite(&XGpio, XGPIO_Channel1, ~LED_0_PIN);
35.           usleep(1000000);
36.           XGpio_DiscreteWrite(&XGpio, XGPIO_Channel1,
37.           ~(LED_0_PIN | LED_1_PIN));
38.           usleep(1000000);
```

```
39.          XGpio_DiscreteWrite ( &XGpio,XGPIO_Channel1,
40.          ~ ( LED_0_PIN|LED_1_PIN|LED_2_PIN ));
41.          usleep ( 1000000 );
42.          XGpio_DiscreteWrite ( &XGpio, XGPIO_Channel1,
43.          ~ ( LED_0_PIN|LED_1_PIN|LED_2_PIN|LED_3_PIN ));
44.       usleep ( 1000000 );
45.     }
46.   return 0;
47. }
```

注意：这里实现的功能与 EMIO 方式中实现的功能相同，当用 IP 核方式时实现的为 PL 部分的 GPIO，所以调用的函数与前面两种 GPIO 实现函数不同，注意包含的 GPIO 头文件，前两种是"#include "xgpiops.h""，而这最后一种为"#include "xgpio.h""。

总结：MIO 和 EMIO 方式使用 PS 部分的 GPIO 模块，其中 MIO 方式不占用 PL 部分的资源，其输出引脚只能为固定的 54 个（而且要在未被其他外设使用的情况下），EMIO 方式会占用 PL 的引脚资源，其引脚可在 PL 部分任意选择（除特殊功能引脚），IP 方式除了占用 PL 部分引脚资源，还会占用 PL 部分逻辑资源，所以其 GPIO 功能在 PL 部分实现其调用函数也和前两种不同，最后 EMIO 和 IP 方式在 Vivado 都需要进行引脚约束绑定。

3.2 GPIO 实验案例

3.2.1 实验目标

本实验的主要目标是熟悉 Zynq 设计流程，熟悉开发基于 Zynq 的系统所需的软件工具 Vivado 和 SDK，掌握 GPIO 读写函数，能够编写 GPIO 应用程序。

3.2.2 实验内容

在 Zynq 使用过程中，重要的是将 PS 和 PL 结合起来，本实验内容旨在帮助用户熟悉 PL 和 PS 的连接方式，使用户熟练操作 PS 及通过 AXI 总线控制 PL 端的方法。

具体实验内容：使用 Vivado 创建一个名称为 lab2 的新工程，Zynq-7000 IP 配置完成后，添加一个 AXI GPIO 核，用来对 PYNQ-Z2 开发板的 LED 灯进行控制，工程配置完成后生成比特流文件；在 SDK 中通过 API 函数编程实现对 LED 的控制。

3.2.3 实验流程与步骤

（1）按照 2.2.2 节中使用 Vivado 创建硬件工程方法创建一个新工程，新建工程命名为 lab2。

（2）使用 IP 核建立处理器内核，操作到图 2.16 自动预设电路配置界面，单击 OK 按钮返回 IP 核设计界面，如图 3.10 所示。

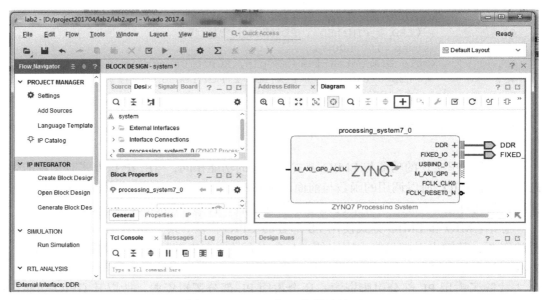

图 3.10　Vivado 的 IP 核设计界面

（3）在图 3.10 中，单击"+"按钮，添加一个 AXI GPIO 核，添加完成后如图 3.11 所示。

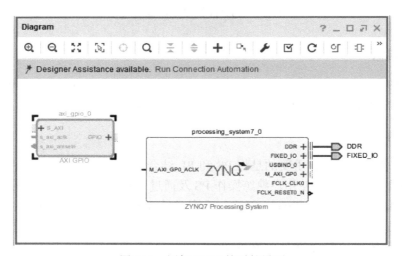

图 3.11　添加 GPIO 核后的界面

（4）在图 3.11 中双击新添加的 GPIO 核，弹出如图 3.12 所示的 GPIO 核设计界面，在 Board 选项卡中的 Board Interface 下选择 Custom 的自定义方式，也可以在下拉列表选择已经定义好的 GPIO，这里以 Custom 方式为例进行后续的配置。

（5）在 IP Configuration 选项卡进行配置，如图 3.13 所示，位宽为 4，因为对 PYNQ-Z2 开发板的 4 个 LED 灯进行控制，所以选全部为输出，单击 OK 按钮完成配置。返回 IP 核设计界面如图 3.14 所示。

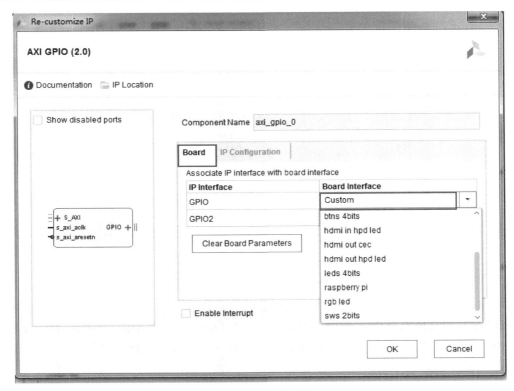

图 3.12　GPIO 核设计界面 1

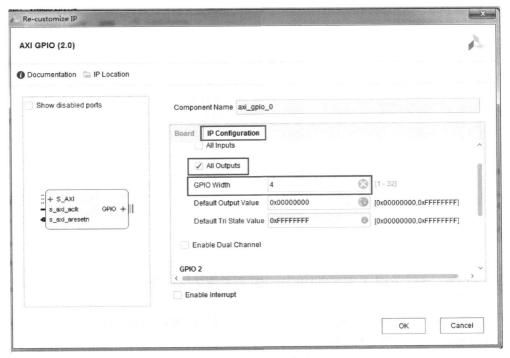

图 3.13　GPIO 核设计界面 2

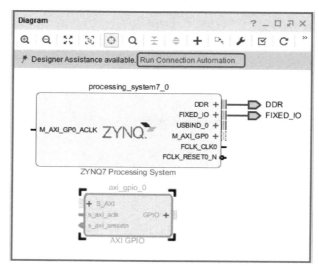

图 3.14　GPIO IP 核设计界面 3

（6）在图 3.14 中单击 Run Connection Automation，弹出如图 3.15 所示自动连接配置界面。勾选所有选项，选中 GPIO，在右边 Options 设置中的"Select Board Part Interface："的下拉列表中选择 Custom，单击 OK 按钮返回 IP 核设计界面，如图 3.16 所示。

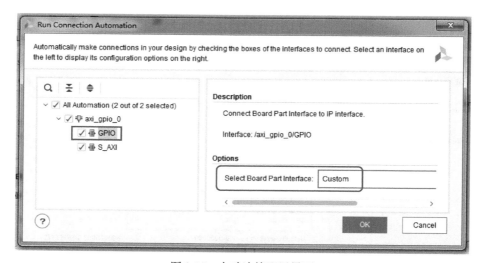

图 3.15　自动连接配置界面

（7）在图 3.16 选中端口修改 GPIO 端口的名称，在 External Interface Prope 中修改名字为 LEDs。选择 Tool 下的 Validate Design 或者按快捷键 F6，进行验证，此时没有报错信息，弹出如图 3.17 所示信息。

（8）在 BLOCK DESIGN 中的 Sources 选项卡下右击 Constraints，在弹出的菜单中选择 Add Sources，如图 3.18 所示。

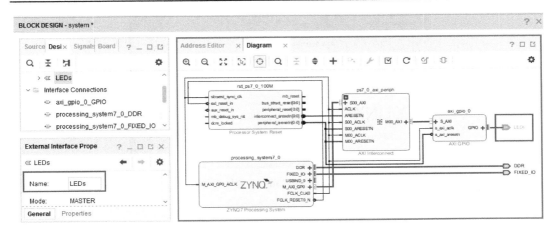

图 3.16　完成后的 IP 核设计界面

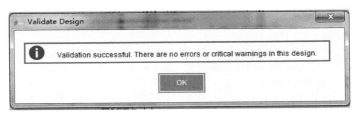

图 3.17　验证界面

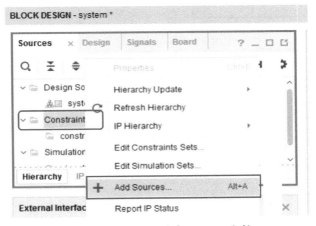

图 3.18　添加引脚约束 Sources 文件

（9）在图 3.19 中，选中 Add or create constraints，添加约束文件，单击 Next 按钮，弹出如图 3.20 所示界面，单击 Create File 按钮，弹出创建文件窗口，在文件名处输入文件名 "led"，单击 OK 按钮返回创建界面，如图 3.21 所示。

（10）在图 3.21 中，单击 Finish 按钮，返回 Vivado 设计界面。在 BLOCK DESIGN 的 Sources 选项卡下右击 Constraints，双击刚刚创建的 "led.xdc" 文件，弹出如图 3.22 所示界面。

在右边编辑区添加 PYNQ-Z2 的 4 个 LED 灯的引脚约束，保存文件。

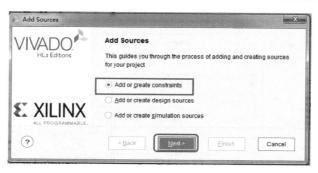

图 3.19　选择 Sources 文件类型

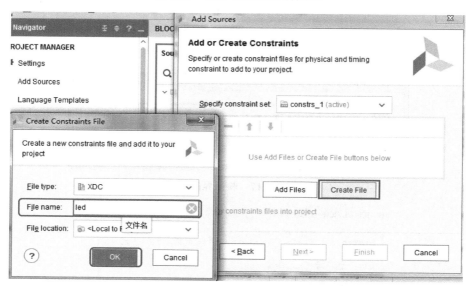

图 3.20　创建 Sources 文件 1

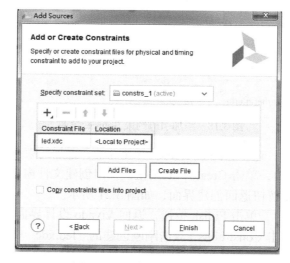

图 3.21　创建 Sources 文件 2

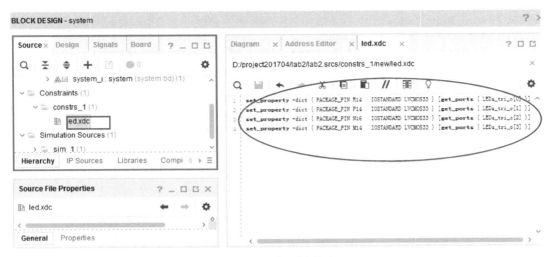

图 3.22　添加引脚约束

LED 灯的引脚约束文件内容如下：

```
    set_property -dict { PACKAGE_PIN R14   IOSTANDARD LVCMOS33 } [get_ports
{ LEDs_tri_o[0] }]
    set_property -dict { PACKAGE_PIN P14   IOSTANDARD LVCMOS33 } [get_ports
{ LEDs_tri_o[1] }]
    set_property -dict { PACKAGE_PIN N16   IOSTANDARD LVCMOS33 } [get_ports
{ LEDs_tri_o[2] }]
    set_property -dict { PACKAGE_PIN M14   IOSTANDARD LVCMOS33 } [get_ports
{ LEDs_tri_o[3] }]
```

（11）按照 2.2.2 节产生输出文件和封装 HDL 顶层文件，然后生成比特流文件如图 3.23 所示，单击 OK 按钮。生成比特流文件的时间根据使用机器的硬件配置不同而不同。

（12）导出硬件设计到 SDK，此时需要用到 PL，所以勾选 Include bitstream，单击 OK 按钮，如图 3.24 所示。

（13）在 Vivado 设计页面中选择 File→Launch SDK，启动 SDK。启动完成后的界面如图 3.25 所示。

（14）在图 3.25 中，选择 File→New→APPlication Project，弹出如图 3.26 所示界面，在 "Project name：" 中填写 pl_leds，创建新的板级支持包，其他设为默认，单击 Next 按钮，弹出如图 3.27 所示的工程模板界面，选择 Empty Application，单击 Finish 按钮完成工程的建立。

（15）在如图 3.28 所示的刚建立的工程 pl_leds 中，右击 src，选择 New→Source File，创建 C 源文件，弹出如图 3.29 所示界面。

（16）在图 3.29 中，输入文件名 "main.c"，单击 Finish 按钮。

（17）在 "main.c" 源文件中，添加如下代码：

```
1.    #include "xparameters.h"
```

```
2.    #include "xgpio.h"
3.    #include "xil_printf.h"
4.    #define LED 0x01    /* Assumes bit 0 of GPIO is connected to an LED  */
5.    #define GPIO_EXAMPLE_DEVICE_ID  XPAR_GPIO_0_DEVICE_ID
6.    #define LED_DELAY      10000000
7.    #define LED_CHANNEL 1
8.    XGpio Gpio; /* The Instance of the GPIO Driver */
9.    int main(void)
10.   {
11.       int Status;
12.       volatile int Delay;
13.       /* Initialize the GPIO driver */
```

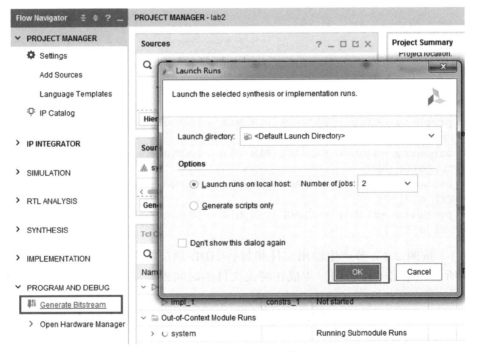

图 3.23　生成比特流文件 1

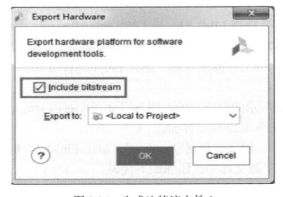

图 3.24　生成比特流文件 2

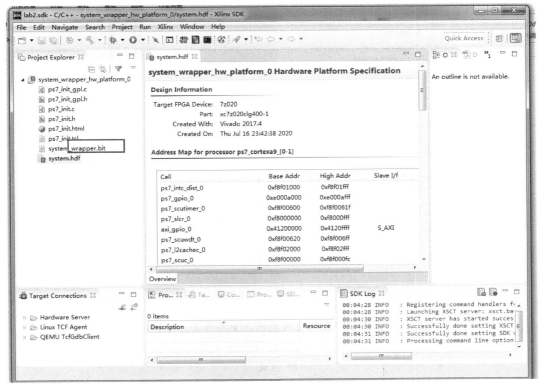

图 3.25　SDK 开发界面

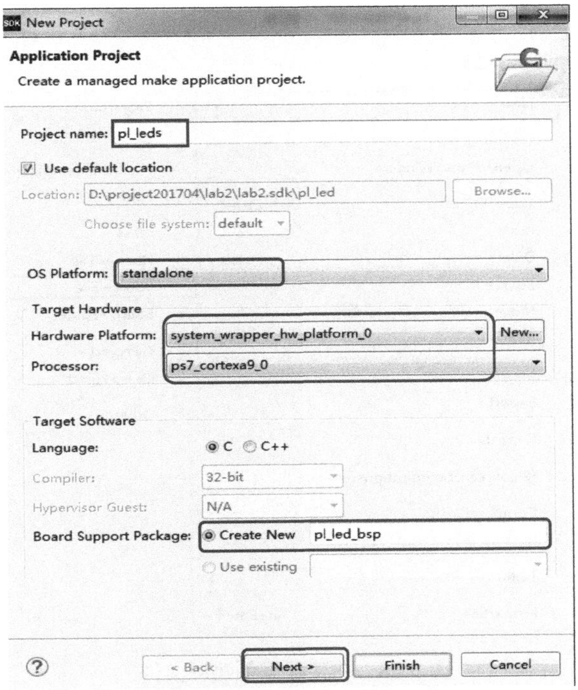

图 3.26　SDK 创建 APP 界面 1

图 3.27　SDK 创建 APP 界面 2

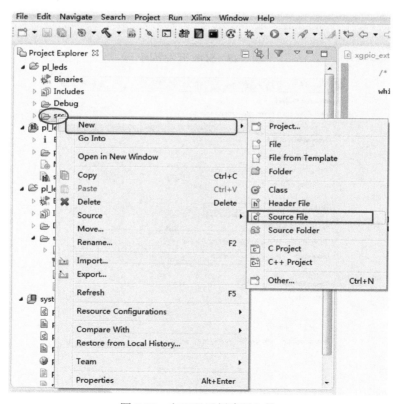

图 3.28　在工程里创建源文件

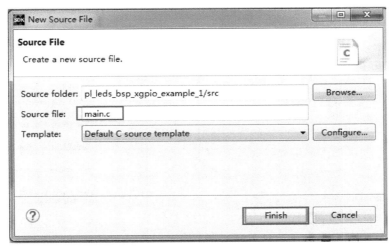

图 3.29　创建新源文件界面

```
14.        Status = XGpio_Initialize ( &Gpio, GPIO_EXAMPLE_DEVICE_ID );
15.        if ( Status != XST_SUCCESS ) {
16.            xil_printf ( "Gpio Initialization Failed\r\n" );
17.            return XST_FAILURE;
18.        }
19.        //Set the direction for all signals as inputs except the LED
20.        //output Bits set to 0 are output and bits set to 1 are input.
21.        XGpio_SetDataDirection ( &Gpio, LED_CHANNEL, ~LED );
22.        /* Loop forever blinking the LED */
23.        while ( 1 ) {
24.        /* Set the LED to High */
25.        XGpio_DiscreteWrite ( &Gpio, LED_CHANNEL, LED );
26.        /* Wait a small amount of time so the LED is visible */
27.        for ( Delay = 0; Delay < LED_DELAY; Delay++ );
28.        /* Clear the LED bit */
29.            XGpio_DiscreteClear ( &Gpio, LED_CHANNEL, LED );
30.            /* Wait a small amount of time so the LED is visible */
31.            for ( Delay = 0; Delay < LED_DELAY; Delay++ );
32.        }
33.        xil_printf ( "Successfully ran Gpio Example\r\n" );
34.        return XST_SUCCESS;
35. }
```

（18）源程序编译通过后，连接开发板运行程序。开发板上电之后，右击 pl_leds 工程，选择 Run As → Run Configurations，如图 3.30 所示，弹出如图 3.31 所示运行参数配置界面。

（19）在图 3.31 中，选择 System Debugger using Debug_pl_leds，在右侧页面中勾选 Reset entire system 和 Program FPGA 选项，将整个系统的设计进行复位。单击 Run 按钮，运行程序。

（20）程序的运行结果如图 3.32 所示，PYNQ-Z2 开发板上的 LED0 灯不断闪烁。

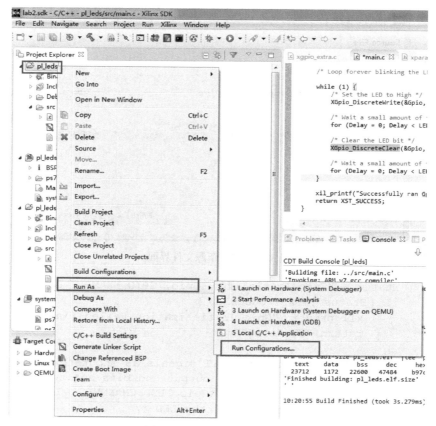

图 3.30　选择配置运行界面

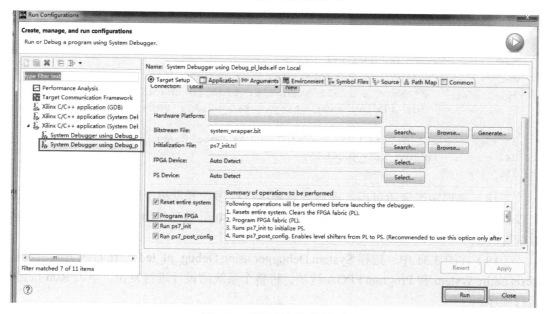

图 3.31　配置运行参数界面

图 3.32　程序运行结果

思考：分析上面的程序代码，如何实现对 LED0 灯的控制。

3.3　实验要求与验收标准

1. 思考

（1）上面实验用到 GPIO 哪些寄存器？
（2）用到 SDK 哪些 API 函数？这些函数的作用是什么？
（3）使用 Vavido 创建 Zynq 嵌入式硬件工程的步骤是什么？需要注意的问题有哪些？
（4）SDK 板级支持包的作用是什么？

2. 思考本实验完成结果

（1）使用 Vivado 建立一个 Zynq 硬件设计新工程。
（2）针对 ZYNQ-Z2 配置 Zynq PS 部分。
（3）创建和连接 Zynq PS 和 PL 的内部互联。
（4）在 Zynq PL 中实现一个 IP 模块。
（5）为 Zynq 硬件设计生成 HDL 文件，并创建一个为 Zynq PL 做硬件描述的比特流文件。
（6）创建一个在 Zynq PL 上执行，且实现 IP 通信的简单应用软件程序。
（7）学习软硬件调试技术。

3. 实验进阶要求

（1）改变 LED0 闪烁频率。
（2）实现 LED1、LED2 或者 LED3 闪烁。

（3）实现 LED0~LED3 流水灯。

（4）使用按键控制 LED0~LED3 流水灯闪烁模式（注意：这个扩展需要改变硬件配置，配置完成后从 Vivado IDE 中重新导出硬件，在 SDK 中实现软件功能）；实现这个功能，可以加分!

4. 验收标准

（1）实验结果演示。

（2）实现原理、源码讲解。

（3）根据实现功能复杂程度和效果进行评价。

3.4　实验拓展

（1）硬件工程配置中，再添加一个 AXI GPIO 核用来控制拨码开关，使用 GPIO 驱动函数完成通过拨码开关控制 LED 闪烁频率。

（2）用两个拨码开关组合控制 LED 闪烁模式。

提示：这个扩展需要改变硬件配置，配置完成后从 Vivado IDE 中重新导入硬件设计，然后在 SDK 中实现软件功能。

（3）为自己实现的新工程制作 SD 卡或者 QSPI 启动镜像程序，完成启动过程。

第4章 Zynq 中断与定时技术

本章首先介绍 Cortex-A9 异常及中断原理，概述 ARM 处理器的异常中断种类、响应和返回过程。讲解 Zynq 中断原理和实现方法，通过 Vivado 实现中断设计和管理，并给出 GPIO 中断的实例；然后介绍 Zynq-7000 SoC 中 Cortex-A9 定时器的原理、定时技术，通过 Vivado 环境实现对定时器的操作和控制，并给出 Cortex-A9 私有定时器和 AXI Timer IP 核定时器的应用实例。

4.1 中 断 技 术

中断和异常机制是嵌入式系统最常使用的一种 CPU 和外设联络的机制，异常是 ARM 处理器处理异步事件的一种方法，也称为中断。中断是一个信号，用来通知处理器来响应此处的程序。中断可以由硬件处理单元和外部设备产生，也可以由软件本身产生。对硬件来说，中断信号是一个由某个处理单元产生的异步信号，用来引起处理器的注意。对软件来说，中断还是一种异步事件，用来通知处理器执行中断程序。

硬件中断可以进一步分为以下几种类型：

（1）可屏蔽中断（maskable interrupt，IRQ）——触发可屏蔽中断的事件源不总是重要的。程序员需要决定这个事件是否应该导致程序跳到所需处理的地方。可能使用可屏蔽中断的设备包括定时器、比较器和 ADC。

（2）不可屏蔽中断（non-maskable interrupt，NMI）——这些是不应该忽视的中断，需要立即进行处理。需要 NMI 的事件包括上电、外部重启（用实际的按钮）和严重的设备失效。

（3）处理器间中断（inter-processor interrupt，IPI）——在多处理系统中，一个处理器可能需要中断另一个处理器的操作。在这种情况下，就会产生一个 IPI。

一个异常中断是任何一种情况，它要求 CPU 停止正常的执行（正在执行的工作），转去执行专用的软件程序（与每个异常中断类型相关的异常句柄）。异常中断是"非法"情况或系统事件，通常要求特权级软件采取弥补性的行为或对系统状态进行更新，从而恢复系统的正常状态，称为异常处理。其他架构将 ARM 的异常称为陷阱或中断。

所有的微处理器必须对外部的异常事件进行响应，如按下一个按键或时钟到达某个值。通常由专用的硬件激活连接到 CPU 核的输入信号线，这使得 CPU 核暂停执行当前的程序指令，然后执行一个特殊的特权句柄例程。在系统设计中，CPU 核对这些事件的响应速度是一个非常重要的问题，称为中断延迟。对于一个复杂的系统，有很多具有不同优先级的中断源，并且要求中断嵌套，即较高优先级的中断可以打断较低优先级的中断。

在正常执行程序时，递增程序计数器，程序中的分支语句将改变程序的执行流，如函数调用、循环和条件码。当发生一个异常时，可以打断这些预定义的执行序列，暂时切换到处理这些异常的句柄。

除了响应外部中断，还有很多其他事件能引起 CPU 感知异常：外部的，如复位、来自存储器系统的外部异常终止；内部的，如 MMU 产生异常终止，或者使用交换虚拟电路（switching virtual circuit，SVC）指令的 0s 调用。处理异常将使得 CPU 核在不同模式间进行切换，并且将当前寄存器的内容复制到其他地方。

4.1.1　中断原理

当异常中断发生时，系统执行完当前指令后，将跳转到相应的异常中断处理程序处执行。当异常中断处理程序执行完成后，程序返回到发生中断指令的下一条指令处继续执行。在进入异常中断处理程序时，要保存被中断程序的执行"现场"。从异常中断处理程序退出时，要恢复被中断程序的执行"现场"。ARM 体系中通常在存储地址的低端固化了一个 32 字节的硬件中断向量表，用来指定各异常中断及其处理程序的对应关系。当一个异常出现以后，ARM 微处理器会执行以下几步操作：

（1）保存处理器当前状态，设置中断屏蔽位和各条件标志位；

（2）设置当前程序状态寄存器（current program status register，CPSR）中的相应位；

（3）将 lr_mode 寄存器设置成返回地址；

（4）跳转到中断向量地址执行，从而跳转到相应的中断程序中执行；

（5）执行中断处理函数内容；

（6）恢复被屏蔽的中断屏蔽位；

（7）返回被中断指令的下一条指令处继续执行。

当几个异常中断同时发生时，就必须按照一定的次序处理这些异常中断。在 ARM 中通过给各异常中断赋予一定的优先级实现这种处理次序。当然，有些异常中断是不可能同时发生的，如指令预取中止异常中断和软件中断，它们是不可能同时发生的。处理器执行某个特定异常中断的过程，称为处理器处于特定的中断模式。

中断向量表指定了各异常中断及其处理程序的对应关系，它通常存放在存储地址的低端。在 ARM 体系中，异常中断向量表的大小为 32 字节。其中，每个异常中断占据 4 个字节大小，每个异常中断对应的中断向量表的 4 个字节的空间中存放了一个跳转指令或者一个向 PC 寄存器中赋值的数据访问指令。通过这两种指令，程序将跳转到相应的异常中断处理程序处执行。Zynq 中低 32 字节作为中断向量表，此低 32 字节中断向量表如表 4.1 所示。

表 4.1　中断向量表

地址	中断类型	异常中断模式	优先级（6 最低）	说明
0x00	复位中断	特权模式（SVC）	1	系统上电和系统复位或软复位时产生
0x04	未定义指令中断	未定义指令中止模式（Undef）	6	当执行的指令不是 ARM 处理器或协处理器的指令时产生

续表

地址	中断类型	异常中断模式	优先级（6 最低）	说明
0x08	软件中断（SWI）	特权模式（SVC）	6	用户定义中断指令，可用于用户模式下调用特权操作指令
0x0c	指令预取中止	中止模式	5	当预取指令地址不存在或地址不允许当前指令访问时产生
0x10	数据访问中止	中止模式	2	当数据访问指令的目的地址不存在或地址不允许当前指令访问时产生
0x14	保留	无	无	无
0x18	外部中断请求（IRQ）	外部中断模式	4	处理器外部中断请求引脚有效而且 CPSR 的 I 位被清除时产生
0x1c	快速中断请求（FIQ）	快速中断模式	3	处理器外部快速中断请求引脚有效而且 CPSR 的 F 位被清除时产生

4.1.2　Zynq 中断体系结构

Zynq 有两个 Cortex-A9 处理器和 GIC pl390 中断控制器。它的中断控制器的系统中断环境和功能如图 4.1 所示。

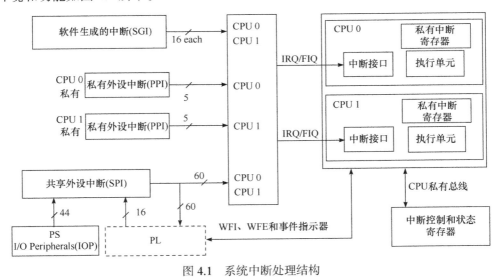

图 4.1　系统中断处理结构

Zynq 的中断类型包括私有中断、共享外设中断和软件生成的中断，通用中断控制器负责管理系统的中断。

每个 CPU 都有一组私有外设中断（private peripheral interrupt，PPI）。PPI 包括全局定时器、私有看门狗定时器、私有定时器和来自 PL 的 FIQ/IRQ。

软件生成的中断（software generated interrupt，SGI）连接到一个或者所有 CPU，通

过写 ICDSGIR 寄存器产生 SGI。

共享外设中断（shared peripheral interrupt，SPI），通过 PS、PL 内各种 I/O 和存储器控制器产生。

通用中断控制器（generic interrupt controller，GIC）是核心资源，如图 4.2 所示，用于管理来自 PS 和 PL 的中断，并将这些中断发送到 CPU。

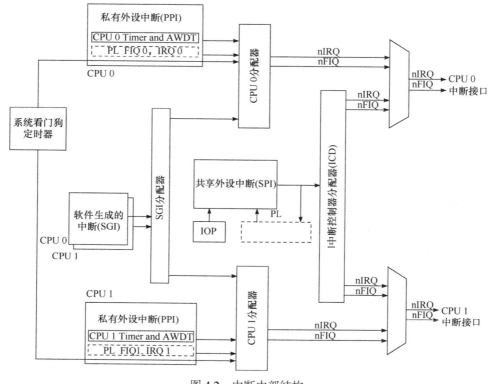

图 4.2　中断内部结构

1. 软件生成的中断

16 个软件生成的中断如表 4.2 所示，中断号为 0～15。通过向 ICDSGIR 寄存器写入 SGI 中断号及指定目标 CPU，产生一个软件 SGI 中断。通过 CPU 私有总线，实现这个写操作。CPU 能中断自己或者其他 CPU，或者所有的 CPU。通过读 ICCIAR 寄存器或向 ICDICPR 寄存器相应的比特位写 1，可以清除中断。

表 4.2　软件生成的中断

中断 ID	名称	SGI 标号	信号类型
0	软件 0	0	上升沿
1	软件 1	1	上升沿
...	...	...	...
15	软件 15	15	上升沿

所有的软件生成的中断为边沿触发，用于软件生成的中断的触发方式是固定的，不能修改。ICDICFRO 寄存器是只读寄存器。

2. 私有中断

Zynq 每个 CPU 连接 5 个私有的外设中断，如表 4.3 所示，中断号为 27~31。

表 4.3 私有外设中断 PPI

中断 ID	名称	PPI 标号	信号类型	描述
26~16	保留	—	—	保留
27	全局定时器	0	上升沿	全局定时器
28	nFIQ	1	低电平（PS-PL 接口，活动高）	来自 PL 的快速中断
29	CPU 私有定时器	2	上升沿	来自 CPU 定时中断
30	AWDT{0，1}	3	上升沿	来自每个 CPU 私有看门狗定时器
31	nIRQ	4	低电平（PS-PL 接口，活动高）	来自 PL 的中断信号

注：4.2.5 节定时程序设计中用到的中断是表中画框的 CPU 私有定时器中断。

私有中断的所有触发方式是固定的，不能修改。注意：应先将来自 PL 的快速中断信号 FIQ 和中断信号 IRQ 翻转，然后送到中断控制器中。因此，尽管在 ICDICFR1 寄存器内反映它们是活动低敏感信号，但是在 PS-PL 接口，为高电平活动。

3. 共享外设中断

来自不同模块、大约 60 个中断能连接到一个/两个 CPU 或 PL。中断控制器用于管理中断的优先级和接收用于 CPU 的这些中断。默认情况下，所有共享外设中断类型的复位是一个活动高电平。然而，软件使用 ICDICFR2 和 ICDICFR5 寄存器将中断 32、33 和 92 编程为上升沿触发。共享外设中断如表 4.4 所示。

表 4.4 共享外设中断

中断源	中断名称	中断 ID	信号类型	PS-PL 信号名称	I/O 方向
APU	L1 缓存	33, 32	上升沿	无	无
	L2 缓存	34	高电平	无	无
	OCM	35	高电平	无	无
保留	—	36			
PMU	PMU[1,0]	38,37	高电平	无	无
XADC	XADC	39	高电平	无	无
DVI	DVI	40	高电平	无	无
SWDT	SWDT	41	上升沿	无	无

续表

中断源	中断名称	中断 ID	信号类型	PS-PL 信号名称	I/O 方向
定时器	TTC0	44～42	高电平	无	无
DMAC	DMAC Aboart	45	高电平	IRQP2F[28]	输出
	DMAC[3:0]	49～46	高电平	IRQP2F[23:20]	输出
存储器	SMC	50	高电平	IRQP2F[19]	输出
	Quad SPI	51	高电平	IRQP2F[18]	输出
保留	—	—	—	IRQP2F[17]	输出
IOP	GPIO	52	高电平	IRQP2F[16]	输出
	USB0	53	高电平	IRQP2F[15]	输出
	以太网 0	54	高电平	IRQP2F[14]	输出
	以太网 0 唤醒	55	上升沿	IRQP2F[13]	输出
	SDIO 0	56	高电平	IRQP2F[12]	输出
	I2C 0	57	高电平	IRQP2F[11]	输出
	SPI 0	58	高电平	IRQP2F[10]	输出
	UART 0	59	高电平	IRQP2F[9]	输出
	CAN 0	60	高电平	IRQP2F[8]	输出
PL	FPGA[7:0]	68～61	高电平/上升沿	IRQF2P[7:0]	输入
定时器	TTC 1	71～69	高电平	无	无
DMAC	DMAC[7:4]	75～72	高电平	IRQP2F[27:24]	输出
IOP	USB 1	76	高电平	IRQP2F[7]	输出
	以太网 1	77	高电平	IRQP2F[6]	输出
	以太网 1 唤醒	78	上升沿	IRQP2F[5]	输出
	SDIO 1	79	高电平	IRQP2F[4]	输出
	I2C 1	80	高电平	IRQP2F[3]	输出
	SPI 1	81	高电平	IRQP2F[2]	输出
	UART 1	82	高电平	IRQP2F[1]	输出
	CAN 1	83	高电平	IRQP2F[0]	输出
PL	FPGA[15:8]	91～84	高电平/上升沿	IRQF2P[15:8]	输入
SCU	奇偶校验	92	上升沿	无	无
保留	—	95:93			

注：表中画框的是 4.1.3 节定时程序设计案例中用到的 GPIO 中断和 4.3 节中断与定时案例中用到的 PL 中断。

4. 中断寄存器

中断控制器 CPU（interrupt controller CPU，ICC）和中断控制器分配器（interrupt controller distributer，ICD）寄存器是 pl390 GIC 寄存器集。ICC 和 ICD 寄存器如表 4.5 所示。

表 4.5 中断控制寄存器

功能分类	寄存器名称	寄存器描述	写保护锁定
中断控制器 CPU（ICC）	ICCICR	CPU 接口控制寄存器	是，除了 EnableNS
	ICCPMR	中断优先级屏蔽	—
	ICCBPR	中断优先级控制位	—
	ICCIAR	中断确认	—
	ICCEOIR	中断结束	—
	ICCRPR	运行优先级	—
	ICCHPIR	最高优先级中断信号挂起	—
	ICCABPR	别名非安全的控制位	—
中断控制器分配器（ICD）	ICDDCR	安全/非安全模式选择	是
	ICDICTR, ICDIIDR	控制器实现	—
	ICDISR [2:0]	中断安全	是
	ICDISER[2:0],ICDICER[2:0]	中断设置使能和清除使能	是
	ICDISPR[2:0],ICDICPR [2:0]	中断设置待处理和清除待处理	是
	ICDABR [2:0]	中断活动	—
	ICDIPR [23:0]	中断优先级，8 比特位域	是
	ICDIPTR [23:0]	中断处理器目标，8 比特位域	是
	ICDICFR [5:0]	中断触发信号类型，2 比特位域（电平/边沿，正/负）	是
PPI 和 SPI 状态	PPI_STATUS	PPI 状态寄存器	—
	SPI_STATUS [2:1]	SPI 状态寄存器	—
软件中断	ICDSGIR	软件产生的中断	—
禁止写访问	APU_CTRL	CFGSDISABLE 比特位禁止一些写访问	—

4.1.3 中断程序设计

本节使用 PYNQ-Z2 开发板的按键实现 GPIO 中断。在 PYNQ-Z2 开发板中，当按下按键 0 时它的上升沿触发 GPIO 中断，通过全局中断控制器 GIC，ARM Cortex A9 响应该中断，在中断处理程序（函数）中对 LED0 灯进行控制（使 LED0 灯亮灭）。因为 PYNQ-

Z2 开发板的 BTN0 和 LED0 两个引脚都在 PL 端，所以使用 EMIO 方式扩展 GPIO。这里用到的是共享外设中断即表 4.4 输入/输出处理器（I/O processor，IOP）中的 GPIO 中断，中断号是 52。

1. 硬件配置

（1）按照 2.2.2 节中使用 Vivado 创建硬件工程的步骤 1 创建一个新工程，新建工程命名为 pynq_v2017_emio_intr。

（2）按照步骤 2 使用 IP 核建立处理器内核，操作到图 2.16 自动预设电路配置界面，单击 OK 按钮返回 IP 核设计界面。

（3）在图 4.3 中对 Vivado 的 processing_system7_0 进行参数设置，选中 MIO Configuration，再勾选 EMIO GPIO，并选择位宽（这里用 2 位）。然后产生外部端口，Vivado 配置完成后如图 4.4 所示。

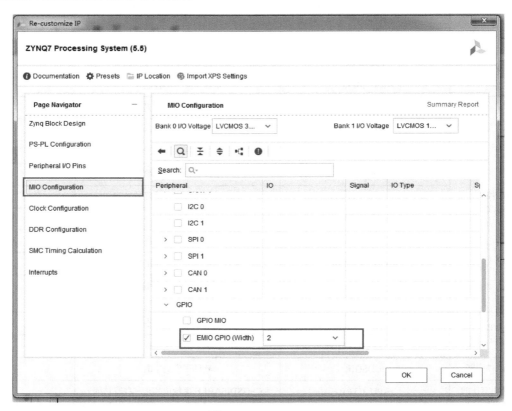

图 4.3　EMIO 配置

（4）由图 4.4 可以看到 Zynq-7000 SoC 除了 FIXED-IO 和 DDR 接口，还多了 2 个 2 对（一个输入、一个输出和一个输出使能）GPIO 引脚。不同于 MIO，这里 2 个 I/O 引脚（一个输入、一个输出和一个输出使能在自动生成的顶层模块中合并为一个 I/O）要绑定到芯片对应引脚上。

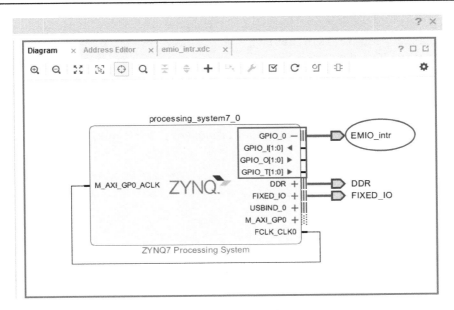

图 4.4　配置完成连线图

（5）因为用到 PL 部分的资源，需要为这 2 个引脚进行约束绑定，添加引脚约束。XDC 文件如下：

```
set_property -dict { PACKAGE_PIN D19   IOSTANDARD LVCMOS33 }
[get_ports { EMIO_intr_tri_io[0] }]; #IO_L4P_T0_35 Sch=btn[0]
set_property -dict { PACKAGE_PIN R14   IOSTANDARD LVCMOS33 }
[get_ports { EMIO_intr_tri_io[1]}];#IO_L6N_T0_VREF_34 Sch=led[0]
```

这里绑定的引脚是 PYNQ-Z2 开发板的 BTN 0 和 LED 0。通过 BTN 0 按钮产生中断，控制 LED 0 灯的亮灭。配置完成后，产生输出文件并封装为 HDL 顶层文件，生成比特流文件。注意：配置输出硬件时需要选中 Include bitstream，因为用到了 Zynq-7000 SoC 的 PL 部分。

2. 应用程序设计

输出硬件设计到 SDK 后，在 SDK 中创建空工程，在工程中添加源文件，源文件的软件代码如下：

```
1.   #include "xgpiops.h"
2.   #include <stdio.h>
3.   #include "xparameters.h"
4.   #include "xscugic.h"
5.   #include "xil_exception.h"
6.   #define BTN_0   54
7.   #define LED_0   55
8.   #define INPUT_BANK XGPIOPS_BANK2 //54 - 85, Bank 2  Zynq
9.   #define INTC_DEVICE_ID        XPAR_PS7_SCUGIC_0_DEVICE_ID
10.  #define GPIO_INTERRUPT_ID         XPAR_XGPIOPS_0_INTR  //52U GOIO
```

```
interrupt
    11.  static XScuGic INTCInst;
    12.  static XGpioPs Gpio;
    13.  static int ON_OFF=0;
    14.  //函数声明
    15.  int Intc_Init(u16 DeviceId);
    16.  int  Gpio_Init(void);
    17.  void GpioPsHandler(void * CallBackRef, int bank,u32 status);
    18.  int main(void)
    19.  {
    20.      Gpio_Init();
    21.      Intc_Init(INTC_DEVICE_ID);
    22.      while(1);
    23.      return 0;
    24.  }
    25.  //中断处理函数
    26.  void GpioPsHandler(void *CallBackRef, int bank, u32 status)
    27.  {
    28.      if (bank!=INPUT_BANK)
    29.      {
    30.          return;
    31.      }
    32.      else
    33.      {
    34.          ON_OFF ^= 1;
    35.          XGpioPs *pXGpioPs=(XGpioPs *)CallBackRef;
    36.          XGpioPs_IntrDisablePin(pXGpioPs,BTN_0);
    37.          XGpioPs_WritePin(&Gpio, LED_0, ON_OFF);
    38.          XGpioPs_IntrEnablePin(pXGpioPs,BTN_0);
    39.          printf("Enter BTN0 INTR ISR!\n\r");
    40.      }
    41.  }
    42.  //GPIO 初始化
    43.  int Gpio_Init(void)
    44.  {
    45.      int Status;
    46.      XGpioPs_Config *ConfigPtr;
    47.      ConfigPtr = XGpioPs_LookupConfig(XPAR_PS7_GPIO_0_DEVICE_ID);
    48.      Status = XGpioPs_CfgInitialize(&Gpio, ConfigPtr,
    49.      ConfigPtr->BaseAddr);
    50.      if (Status != XST_SUCCESS){
    51.          print("cfg init error\n");
    52.          return XST_FAILURE;
    53.      }
    54.      XGpioPs_SetDirectionPin(&Gpio, BTN_0, 0);//input
    55.      XGpioPs_SetDirectionPin(&Gpio, LED_0, 1);//output
    56.      XGpioPs_SetOutputEnablePin(&Gpio, LED_0, 1);//output enable
    57.      XGpioPs_SetIntrTypePin(&Gpio,
    58.      BTN_0,XGPIOPS_IRQ_TYPE_EDGE_RISING);
```

```
59.        XGpioPs_SetCallbackHandler(&Gpio,(void*)&Gpio,GpioPsHandler);
60.        XGpioPs_IntrEnablePin(&Gpio,BTN_0);
61.        return XST_SUCCESS;
62. }
63. //中断初始化
64. int Intc_Init(u16 DeviceId)
65. {
66.     XScuGic_Config *IntcConfig;
67.     int status;
68.     // Interrupt controller initialisation
69.     IntcConfig = XScuGic_LookupConfig(DeviceId);
70.     status = XScuGic_CfgInitialize(&INTCInst, IntcConfig,
71.     IntcConfig->CpuBaseAddress);
72.     if(status != XST_SUCCESS)return XST_FAILURE;
73.     XScuGic_Disable(&INTCInst, GPIO_INTERRUPT_ID);
74.     //Set Interrupt Priority
75.     XScuGic_SetPriorityTriggerType(&INTCInst, GPIO_INTERRUPT_ID,
76.     0x02, 0x01);
77.     Xil_ExceptionInit();
78.     Xil_ExceptionRegisterHandler(XIL_EXCEPTION_ID_INT,
79.     (Xil_ExceptionHandler)XScuGic_InterruptHandler,&INTCInst);
80.     status = XScuGic_Connect(&INTCInst, GPIO_INTERRUPT_ID,
81.     (Xil_ExceptionHandler)XGpioPs_IntrHandler, (void *)&Gpio);
82.     if(status != XST_SUCCESS)return XST_FAILURE;
83.     XScuGic_Enable(&INTCInst, GPIO_INTERRUPT_ID);
84.     Xil_ExceptionEnable();
85.     return XST_SUCCESS;
86. }
```

本例使用了 Zynq 共享外设的 GPIO 中断，中断号是 52。相比于 GPIO 例程，中断程序使用了 "xscugic.h" 和 "xil_exception.h" 头文件，包含中断和异常处理相关函数。

思考：根据 SDK 提供的相关函数文档，对上面程序的代码进行分析。

上面程序中第 78 行和 81 行画框部分的作用分别是什么？

提示：程序如何实现 GPIO 初始化、方向设置；中断初始化、中断源设置、使能中断、异常处理、中断处理函数的设置等。分析主程序的实现过程。

4.2　Zynq 定时器技术

本节主要介绍 Zynq 私有定时器、私有看门狗定时器和全局定时器。定时器是独立运行的，它不占用 CPU 的时间，不需要指令，只有调用对应寄存器的时候才需要参与。在 Cortex-A9 处理器中，提供了不同类型的定时器用来满足不同的应用要求，如 CPU 私有定时器和看门狗定时器、全局定时器、三重定时器/计数器。本节介绍 Zynq-7000 SoC 的 Cortex-A9 定时器原理，并通过 Vivado 环境实现对定时器的操作和控制。

如图 4.5 所示定时器系统结构，Zynq-7000 SoC 内的每个 Cortex-A9 处理器都有它自己的私有 32 位定时器和 32 位看门狗定时器。所有处理器共享一个全局 64 位定时器。这些定时器工作在 CPU 频率的 1/2（CPU 3x2x）。在系统级，有一个 24 位的看门狗定时器和两个 16 位三重定时器/计数器（triple timer counter，TTC）。系统级看门狗定时器工作在 1/4 或者 1/6 的 CPU 工作频率（CPU 1x），或从 MIO 引脚或 PL 的时钟驱动。两个三重定时器/计数器总是驱动在 1/4 或者 1/6 的 CPU 工作频率（CPU 1x），用来计算来自 MIO 引脚或者 PL 的信号脉冲宽度。

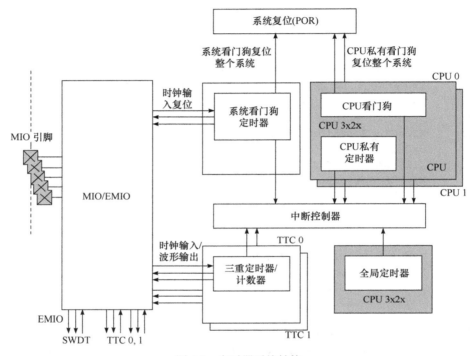

图 4.5　定时器系统结构

4.2.1　私有定时器和私有看门狗定时器

每个 CPU 均具有一个私有定时器（private time，PT）及一个私有看门狗定时器（AWDT），且只能由各自的 CPU 进行操作。私有定时器及私有看门狗定时器的主要特点如下：

（1）32 位计数器，当计数值归零时产生一个中断信号。

（2）8 位预分频器，能够更好地控制中断周期。

（3）可配置单次触发或者自动重加载模式。

（4）计数器的初始值可配置。

（5）2 次时间间隔可通过下面公式进行计算。

时间间隔=[（预分频器的值+1）（加载值+1）]/该定时器频率

所有私有定时器和看门狗定时器总是工作在 CPU 频率的 1/2（CPU 3x2x）。

私有看门狗定时器只能对各自 CPU 本身进行监视，如监视 CPU 程序是否"跑飞"，但无法对另一个 CPU 进行监视，也无法对芯片内部锁相环等关键时钟环节进行监视，也无法向 PL 或芯片外部输出复位信号，这些功能由系统看门狗定时器实现。

　　CPU 私有定时器和私有看门狗定时器的寄存器如表 4.6 所示。

表 4.6　CPU 私有定时器和私有看门狗定时器的寄存器

定时器类型	功能	名称	概述
CPU 私有定时器	重加载和当前值	定时器加载 定时器计数	递减器重新加载 递减当前值
	控制和中断	定时器控制 定时器中断	使能、自动重加载、预分频器、中断状态
CPU 私有看门狗定时器	重加载和当前值	看门狗定时器加载 看门狗定时器计数	递减器重新加载 递减当前值
	控制和中断	看门狗定时器控制 看门狗定时器中断	使能、自动重加载、预分频器、中断状态
	复位状态	看门狗定时器复位状态	复位状态是看门狗定时器达到 0 时的结果，只有上电复位才能清除。这就是看门狗定时器引起复位
	禁止	看门狗定时器禁止	通过写两个指定的字，禁止看门狗定时器

4.2.2　全局定时器/计数器

　　全局定时器/计数器（global timer counter，GTC）是一个 64 位的递增定时器，包含自动递增特性。全局定时器采用存储器映射方式，与私有定时器具有相同的地址空间。只有在安全状态下复位时，才可以访问全局定时器。Zynq-7000 SoC 内的两个 Cortex-A9 处理器均可访问全局定时器/计数器。全局定时器/计数器总是工作在 CPU 频率的 1/2（CPU 3x2x）。

　　全局定时器的主要特点如下：

　　（1）64 位的增计数器，一旦使能，计数器自动增计数。

　　（2）只能在复位时通过安全模式对计数器进行操作。

　　（3）每个 CPU 都可使用全局定时器，每个 CPU 各自具有一个比较寄存器，当全局定时器中的计数器值与比较寄存器中的值相等时，可向对应的 CPU 发出中断请求。

　　全局定时器的寄存器如表 4.7 所示。

表 4.7　全局定时器的寄存器

功能	名称	概述
当前值	全局定时器计数器	递增当前值
控制和中断	全局定时器控制 全局中断	使能定时器、使能比较器、IRQ、自动递增、中断状态
比较器	比较器值 比较器递增	比较器当前值 用于比较器递增值
	全局定时器禁止	通过写两个指定的字，禁止全局定时器

4.2.3　系统看门狗定时器

除了两个 CPU 私有定时器，还有一个系统看门狗定时器（system watchdog timer，SWDT），系统看门狗定时器的整体结构如图 4.6 所示。

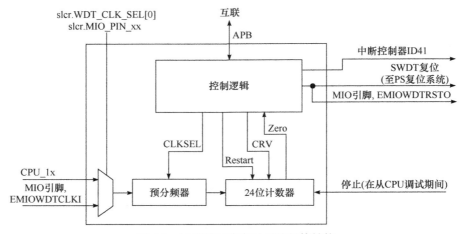

图 4.6　系统看门狗定时器的整体结构

不同于私有看门狗定时器，系统看门狗定时器可监视更多的环节（如 PS 部分的锁相环等），其功能也相对复杂。与私有看门狗定时器不同，系统看门狗定时器可以从一个外部设备或 PL 运行一个时钟，并且为一个外部设备或 PL 提供一个复位输出，其主要特点如下。

（1）具有一个内部 24 位计数单元。

（2）时钟输入可选为内部 CPU 时钟、内部 PL 侧时钟、外部引脚提供的时钟。

（3）计数单元溢出时可产生的信号向 PS 发出中断请求、向 PS/PL 或 MIO 发出复位信号。

（4）超时时，输出其中一个或组合：①系统中断（PS）；②系统复位（PS、PL、MIO）。

（5）溢出值可设置为 32760～68719476736，时钟频率为 100MHz 时对应的时间为 330μs～687.2s。

（6）中断请求信号及复位信号的脉宽可根据需要设定，中断请求信号脉宽可设为 2～32 个时钟周期，复位信号脉宽可设为 2～256 个时钟周期。

系统看门狗定时器模块通过高级外围总线（advanced periphera bus，APB）接口与系统内部互联资源连接，当 CPU 通过 APB 结构对其进行读/写操作时必须满足特定的控制字，只有当两者匹配时，才能对寄存器进行写操作。看门狗定时器始终为减计数，当计数值达到 0 时，会产生如下动作：

（1）若 WDEN 及 IRQEN 有效，则产生中断触发信号，中断触发信号的脉冲宽度为 IRQLN 个时钟周期。

（2）若 WDEN 及 RSTLN 有效，则产生复位信号，复位信号的脉冲宽度为 RSTLN 个时钟周期。

（3）状态寄存器中的 WDZ 位置 1，直到定时器重启。

（4）定时器在重启信号到来前始终为 0，且图 4.6 中的 Zero 信号保持高电平。

通过设置时钟分频寄存器 swdt.CONTROL[CLKSEL]确定时钟的分频数，通过设置装载值寄存器 swdt.CONTROL[CRV]设定定时器的初始值，两者共同决定定时器的溢出时间。通过向复位寄存器中写入特定编码，将产生一次定时器重启信号，重启信号到来时，分频单元将重新加载分频数，定时器单元将重新装载初始值，这也是俗称的"喂狗"。

使能系统看门狗定时器的控制序列如下所示：

（1）选择时钟输入源。系统看门狗定时器通过设置寄存器 scr.WDT_CLK_SEL[SEL]支持不同的时钟输入模式。在选择时钟输入信号前，首先要保证系统看门狗定时器处于未使能状态，即 swdt.MODE[WDEN]=0，同时还要保证时钟信号有效。

（2）设置超时周期。只有当寄存器 swdt.CONTROL[CKEY]域为 0x248 时，才能对定时器控制寄存器进行写操作。

（3）使能定时器、使能输出脉冲、设置脉动宽度。只有当寄存器 swdt.MODE[ZKEY]域为 0xABC 时，才能对此寄存器进行写操作。

（4）若需要重新配置系统看门狗定时器，则重复上述（1）～（3）步。

4.2.4　定时器/计数器

1. TTC 单元整体结构

TTC 是定时器系统中非常实用的一个子单元。系统共有两个独立的 TTC 单元，每个 TTC 单元具有三个 16 位的计数器及三个 16 位的事件定时器，计数器可用来产生 PWM 脉冲，而定时器可用来测量外部脉冲的宽度，类似于其他处理器的捕获单元。

TTC 单元的整体结构如图 4.7 所示，TTC 单元的特点总结如下。

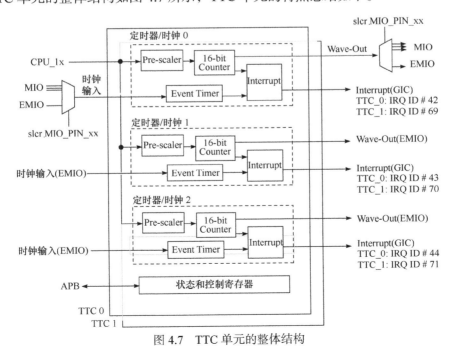

图 4.7　TTC 单元的整体结构

（1）具有三个 16 位计数器，每个计数器具有独立的 16 位分频器，计数器的计数方式可灵活配置成增计数或减计数。

（2）具有三个 16 位的事件定时器。

（3）每对计数器/定时器可产生一路中断信号。

如图 4.7 所示，TTC 单元的时钟输入 Clock-In 信号及输出信号 Wave-Out 具有很强的灵活性，为了便于读者学习，现将其总结在表 4.8 中。

表 4.8　TTC 输入/输出信号

TTC	定时器信号	I/O	MIO 引脚	EMIO 信号	默认输入值
TTC0	计数器 / 定时器 0 时钟输入	I	19,31,43	EMIOTTC0CLKI0	0
	计数器 / 定时器 0 波形输出	O	18,30,42	EMIOTTC0WAVE00	—
	计数器 / 定时器 1 时钟输入	I	N/A	EMIOTTC0CLKI1	0
	计数器 / 定时器 1 波形输出	O	N/A	EMIOTTC0WAVE01	—
	计数器 / 定时器 2 时钟输入	I	N/A	EMIOTTC0CLKI2	0
	计数器 / 定时器 2 波形输出	O	N/A	EMIOTTC0WAVE02	—
TTC1	计数器 / 定时器 0 时钟输入	I	17,29,41	EMIOTTC1CLKI0	0
	计数器 / 定时器 0 波形输出	O	16,28,40	EMIOTTC1WAVE00	—
	计数器 / 定时器 1 时钟输入	I	N/A	EMIOTTC1CLKI1	0
	计数器 / 定时器 1 波形输出	O	N/A	EMIOTTC1WAVE01	—
	计数器 / 定时器 2 时钟输入	I	N/A	EMIOTTC1CLKI2	0
	计数器 / 定时器 2 波形输出	O	N/A	EMIOTTC1WAVE02	—

2. 计数器工作模式

TTC 单元中的每个计数器之前都具有一个预分配单元，可将选择的时钟信号进行 1/2～1/65536 分频，分频后的时钟信号供计数器使用。由于计数器支持波形输出 Wave-Out，因此类似于其他处理器的 PWM 产生模块。每个计数器都可选为增计数或减计数模式，并且支持多种中断模式，如计数器溢出、计数器等于间隔寄存器的值、计数器等于比较寄存器的值。每个计数器可独立配置成以下两种工作模式中的一种。

1）间隔计数模式

该模式下，计数器的计数周期由间隔寄存器决定，计数器在 0 到计数器周期之间进行增计数或减计数，增减计数的方向由控制寄存器中的 DEC 位决定。当计数器的值归零或计数器的值与比较寄存器中的值相等时产生中断。

2）自由计数模式

该模式下，计数器的计数周期默认为最大值 0xFFFF，计数器在 0～0xFFFF 进行增计数或减计数，增减计数的方向由控制寄存器中的 DEC 位决定。当计数器的值归零或计数器的值与比较寄存器中的值相等时产生中断。

3）事件定时器工作模式

事件定时器主要用来对外部脉冲宽度进行测量，类似于其他处理器中的捕获单元。事件定时器为 16 位，其驱动时钟为 CPU 系统时钟 CPU_1x。当外部信号电平无效时，定时器保持在 0；当外部信号电平有效时，定时器进行增计数；当外部信号由有效电平切换到无效电平时，定时器的当前值将会自动保存到事件寄存器中，该寄存器中的值反映了外部脉冲的宽度，单位为 CPU_1x 时钟周期。若在计数过程中定时器发生溢出，则事件寄存器中的值不会更新，以防止测量错误。外部信号有效电平的类型及定时器的工作模式都由事件控制寄存器进行控制，现对寄存器中的关键位进行介绍。

（1）E_En 位：事件定时器使能位，为 0 时将立即停止计数，并将定时器清零。

（2）E_Lo 位：用于选择外部信号的有效电平。

（3）E_Ov 位：用于选择定时器溢出时的动作。若为 0，则当定时器溢出时直接将 E_En 位清零，停止定时器工作；若为 1，则定时器溢出后将继续进行循环计数，即处于自由计数模式。无论该控制位为 0 或为 1，定时器溢出都可以触发中断。

4.2.5　定时程序设计

本节使用 PYNQ-Z2 开发板的 CPU0 私有定时器产生中断，在中断处理程序中，翻转 LED_0 灯的状态。这里用到的是私有外设中断，即表 4.3 私有定时器中断，中断号是 29。私有定时器是系统内置模块，无须对硬件进行特殊配置，这里使用 4.1.3 节的硬件工程 pynq_v2017_emio_intr，具体步骤如下。

1. 硬件工程创建

首先，在 Vivado 中打开 pynq_v2017_emio_intr 工程，在 File 菜单选择 Save Project As 选项，出现如图 4.8 所示界面，在"Project name："中输入新工程文件名 pynq_v2017_emio_timer，单击 OK 按钮，保存新工程。

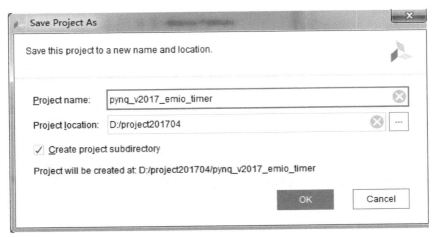

图 4.8　另存为新工程界面

接着，打开 pynq_v2017_emio_timer 工程所在文件夹，如图 4.9 所示，删除"pynq_

v2017_emio_timer.sdk"。回到 Vivado 界面，单击 File→Export 输出硬件（ Include bitstream ），再单击 File→Launch SDK，启动 SDK。

图 4.9　pynq_v2017_emio_timer 工程文件夹界面

2. 应用程序设计

输出硬件设计到 SDK 后，在 SDK 中创建空工程，在工程中添加源文件，源文件的代码如下：

```
1.   #include <stdio.h>
2.   #include "xgpiops.h"
3.   #include "Xscugic.h"
4.   #include "xscutimer.h"
5.   #include "xil_types.h"
6.   #include "Xil_exception.h"
7.   #define TIMER_DEVICE_ID        XPAR_PS7_SCUTIMER_0_DEVICE_ID
8.   #define GPIO_DEVICE_ID         XPAR_XGPIOPS_0_DEVICE_ID
9.   #define INTC_DEVICE_ID         XPAR_SCUGIC_SINGLE_DEVICE_ID
10.  #define TIMER_INTERRUPT_ID     XPAR_SCUTIMER_INTR
11.  #define LED_0    55
12.  #define TIMER_LOAD_VALUE       0x135F1B40
             //定义定时器的初始值，私有定时工作在 1/2 CPU 频率时，约 1s
13.  static XGpioPs    GpioPs;
14.  static XScuGic    mXScuGic;
15.  static XScuTimer   Timer;
16.  static int ON_OFF=0;
17.  static int Count=0;
18.  void Timer_Handler(void *CallBackRef);
19.  void Gpio_Init(void);
```

```
20.  void Timer_Init(void);
21.  void Intc_Init(void);
22.  int main()
23.  {
24.     Gpio_Init();
25.     Timer_Init();
26.     Intc_Init();
27.     XScuTimer_Start(&Timer);
28.     while(1);
29.     return 0;
30.  }
31.  void Gpio_Init()
32.  {
33.     XGpioPs_Config *mGpioPsConfig;
34.     mGpioPsConfig = XGpioPs_LookupConfig(GPIO_DEVICE_ID);
35.     XGpioPs_CfgInitialize(&GpioPs,mGpioPsConfig,mGpioPsConfig->BaseAdd);
36.     XGpioPs_SetDirectionPin(&GpioPs,LED_0,1);
37.     XGpioPs_SetOutputEnablePin(&GpioPs,LED_0,1);
38.  }
39.  void Timer_Init()
40.  {
41.     XScuTimer_Config *TMRConfigPtr;
42.     TMRConfigPtr = XScuTimer_LookupConfig(TIMER_DEVICE_ID);
43.     XScuTimer_CfgInitialize(&Timer,TMRConfigPtr,TMRConfigPtr->BaseAddr);
44.     XScuTimer_SelfTest(&Timer);
45.     XScuTimer_EnableInterrupt(&Timer);
46.     XScuTimer_LoadTimer(&Timer, TIMER_LOAD_VALUE);
47.     XScuTimer_EnableAutoReload(&Timer);
48.  }
49.  void Timer_Handler(void *CallBackRef)
50.  {
51.     XScuTimer *TimerInstancePtr = (XScuTimer *)CallBackRef;
52.     XScuTimer_ClearInterruptStatus(TimerInstancePtr);
53.     ON_OFF^=1;
54.     XGpioPs_WritePin(&GpioPs,LED_0,ON_OFF);
55.     Count++;
56.     printf("Enter Cortex_A9_0PrivateTimer ISR %dtimes!\n\r",Count);
57.  }
58.  void Intc_Init()
59.  {
60.     XScuGic_Config *mXScuGic_Config;
61.     Xil_ExceptionInit();
62.     Xil_ExceptionRegisterHandler(XIL_EXCEPTION_ID_IRQ_INT,
        (Xil_ExceptionHandler)XScuGic_InterruptHandler,(void*)&mXScuGic);
63.     mXScuGic_Config = XScuGic_LookupConfig(INTC_DEVICE_ID);
64.     XScuGic_CfgInitialize(&mXScuGic,mXScuGic_Config,
                          mXScuGic_Config->CpuBaseAddress);
65.     XScuGic_Disable(&mXScuGic,TIMER_INTERRUPT_ID);
66.     XScuGic_Connect(&mXScuGic,TIMER_INTERRUPT_ID,
```

```
        ( Xil_ExceptionHandler ) Timer_Handler, ( void* ) &Timer );
67.     XScuGic_Enable ( &mXScuGic, TIMER_INTERRUPT_ID );
68.     Xil_ExceptionEnable ( );
69.     Xil_ExceptionEnableMask ( XIL_EXCEPTION_IRQ );
70. }
```

本例程使用了 Zynq 的 CPU0 私有定时器的私有外设中断（PPI），中断号是 29。相比于 GPIO 中断例程，定时中断程序不但使用了 "xscugic.h" 和 "xil_exception.h" 两个头文件，还需要使用 "xscutimer.h" 头文件，其包含定时器处理的相关函数。

思考：根据 SDK 提供的相关函数文档，对上面程序的代码进行分析。

上面程序中第 39、49、66 行画框部分的作用是什么？

提示：程序如何实现 GPIO 初始化、方向设置，中断初始化、中断源设置、使能中断、异常处理、定时中断处理函数的设置等，以及定时器初始化方法。分析主程序实现的过程。

4.3　Zynq 中断与定时实验案例

4.3.1　实验目标

本实验的主要目标是熟悉 Zynq 中断和定时应用技术，掌握基于 Zynq 的系统开发所需的软件工具 Vivado 和 SDK，掌握中断和定时 API 函数的使用，能够编写中断和定时的应用程序。

4.3.2　实验内容

创建一个简单的 Zynq 嵌入式系统，在 Zynq 的 PL 端实现两个 GPIO 控制器，一个控制开发板的按键用于产生中断，另外的控制器连接开发板的 LED 灯。这两个 GPIO 控制器通过 AXI 总线与 Zynq 的处理器通信。添加一个 AXI Timer 定时 IP，同时使用定时器和按键中断，通过软件程序控制 LED 灯的状态。

具体要求：使用 Vivado 创建一个名称为 pynq_intr_axi_timer 的新工程，Zynq-7000 IP 配置完成后，添加一个 AXI GPIO 核，使能中断，用来对 PYNQ-Z2 开发板的按钮进行控制；添加另外一个 AXI GPIO 核，用来对 PYNQ-Z2 开发板的 LED 灯进行控制；添加一个 AXI Timer 核，用来做定时器；添加一个 AXI Concat 核，连接 GPIO 和 Timer 中断引脚到 Zynq-7000 SoC PL 中断引脚，工程配置完成后生成比特流文件，导出硬件到 SDK。在 SDK 中通过 API 函数编程实现对 LED 的控制。

4.3.3　实验流程与步骤

（1）按照 2.2.2 节中使用 Vivado 创建硬件工程步骤 1 创建一个新工程，新建工程命名为 pynq_intr_axi_timer。

（2）按照步骤 2 使用 IP 核建立处理器内核，操作到图 2.16 自动预设电路配置界面，单击 OK 按钮返回 IP 核设计界面，如图 4.10 所示。

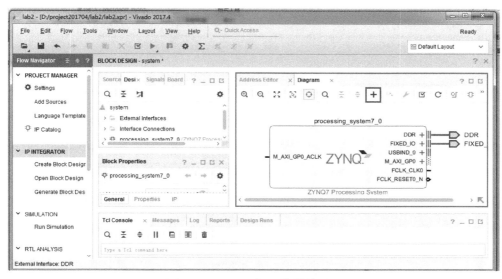

图 4.10　Vivado 的 IP 核设计界面

（3）在图 4.10 中，单击 "+" 按钮两次，添加两个 AXI GPIO 核，添加完成后如图 4.11 所示。

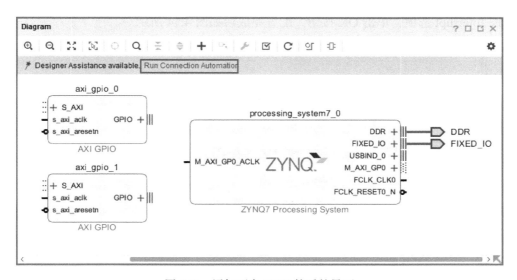

图 4.11　添加两个 GPIO 核后的界面

（4）在图 4.11 中，单击 Run Connection Automation 按钮，弹出如图 4.12 所示配置界面。

（5）在图 4.12 中，勾选所有选项。然后选中 axi_gpio_0 的 GPIO 选项，在右侧的 Options 选项卡下，单击 "Select Board Part Interface：" 选项的下拉箭头，选择 btns_4bits（4Buttons）。用同样的方式选中 axi_gpio_1 的 GPIO 选项，在右侧的 Options 选项卡下，单击 "Select Board Part Interface：" 选项的下拉箭头，选择 leds_4bits（4Leds），单击 OK 按钮。

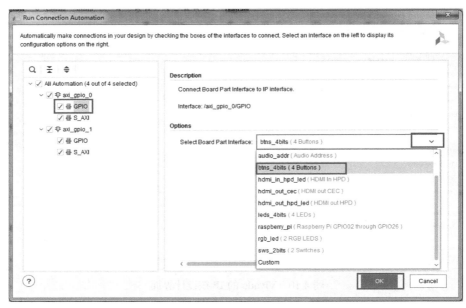

图 4.12　GPIO 核配置界面

（6）在 IP 核设计界面中，双击 axi_gpio_0 IP 核，弹出如图 4.13 所示界面，勾选 Enable Interrupt 选项，单击 OK 按钮，配置完成后如图 4.14 所示。

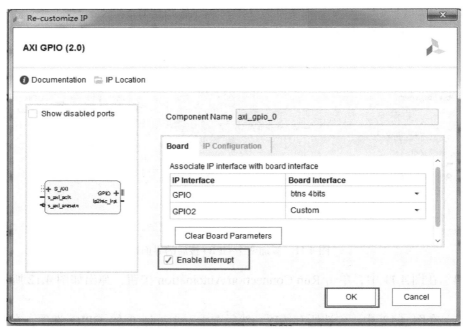

图 4.13　GPIO 核中断使能配置界面

（7）IP 核设计界面如图 4.10 所示，单击"+"按钮，添加 1 个 AXI Timer IP 核。 AXI Timer IP 核如图 4.15 所示。AXI Timer IP 核也需要把中断连到 Zynq-7000 SoC。

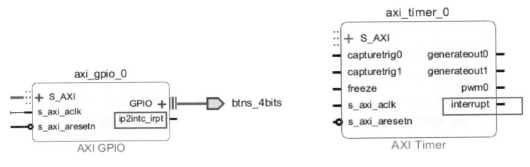

图 4.14　配置完成的 GPIO 界面　　　　　　图 4.15　AXI Timer IP 核

（8）接下来要配置 Zynq-7000 SoC PS 的中断。在 IP 核设计界面中，双击 ZYNQ Processing System IP 核，弹出如图 4.16 所示界面，单击左侧 Interrupts 选项，勾选 Fabric Interrupts 选项，单击 Fabric Interrupts 的下拉箭头，在 PL-PS Interrupt Ports 选项下，勾选 IRQ_F2P[15:0]选项，单击 OK 按钮，配置完成后如图 4.17 所示。

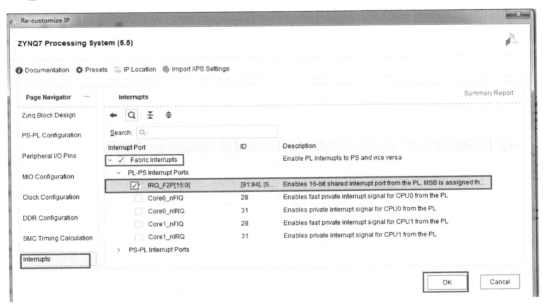

图 4.16　Zynq-7000 SoC PS 中断配置界面

（9）需要把 GPIO 中断和 Timer 中断都连接到 Zynq-7000 SoC 的 IRQ_F2P 引脚上，所以需要添加 Concat IP 核，通过它合并以上中断输入，并通过它的输出连接到 Zynq-7000 SoC 的 IRQ_F2P 引脚。在 IP 核设计界面（图 4.10）中，单击"+"按钮，添加 1 个 Concat IP 核，Concat IP 核如图 4.18 所示。

（10）在 IP 核设计界面，axi_gpio_0 的 ip2intc_irpt 与 xlconcat 的 In0 连接，axi_timer_0 的 interrupt 与 xlconcat 的 In1 连接，xlconcat 的 dout[1:0]与 ZYNQ-7000 SoC PS 的 IRQ_F2P[1:0]连接，配置完成后如图 4.19 所示。

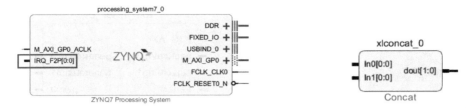

图 4.17　Zynq-7000 SoC PS 配置完成后的界面　　　　　图 4.18　Concat IP 核

（11）按照 2.2.2 节步骤 3 产生输出文件和封装 HDL 顶层文件，然后生成比特流文件。接着选择 File→Export→Export Hardware 输出硬件设计，再单击 File→Launch SDK 启动 SDK，进行软件开发。

（12）在 SDK 开发界面中，选择 File→New→Application Project，在"Project name："中填写 intc_timer，创建新的板级支持包，其他设为默认，单击 Next 按钮，在弹出的工程模板界面，选择 Empty Application，单击 Finish 完成工程的建立。

软件代码如下：

```
1.   #include "xparameters.h"
2.   #include "xgpio.h"
3.   #include "xscugic.h"
4.   #include "xil_exception.h"
5.   #include "xil_printf.h"
6.   #include <stdio.h>
7.   #include "Xil_exception.h"
8.   #include "xtmrctr.h"
9.   //宏定义
10.  #define TIMER_DEVICE_ID        XPAR_TMRCTR_0_DEVICE_ID
11.  #define INTC_DEVICE_ID         XPAR_SCUGIC_SINGLE_DEVICE_ID
12.  #define BTNS_DEVICE_ID         XPAR_AXI_GPIO_0_DEVICE_ID
13.  #define LEDS_DEVICE_ID         XPAR_AXI_GPIO_1_DEVICE_ID
14.  #define INTC_GPIO_INTERRUPT_IDXPAR_FABRIC_AXI_GPIO_0_IP2INTC_IRPT_
INTR//61U
15.  #define TIMER_INTERRUPT_IDXPAR_FABRIC_AXI_TIMER_0_INTERRUPT_INTR//
62U
16.  #define BTN_INT                XGPIO_IR_CH1_MASK
17.  #define TIMER_LOAD_VALUE       XPAR_AXI_TIMER_0_CLOCK_FREQ_HZ
18.  //变量定义
19.  static XGpio        LEDGpio,BTNGpio;
20.  static XScuGic      mXScuGic;
21.  static XTmrCtr      TMRInst;
22.  static int led_var;
23.  //函数原型
24.  static void Timer_Handler(void *baseaddr_p);
25.  static void BTN_Handler(void *InstancePtr);
26.  int  Gpio_Init(void);
27.  int  Timer_Init(void);
28.  void Intc_Init(void);
```

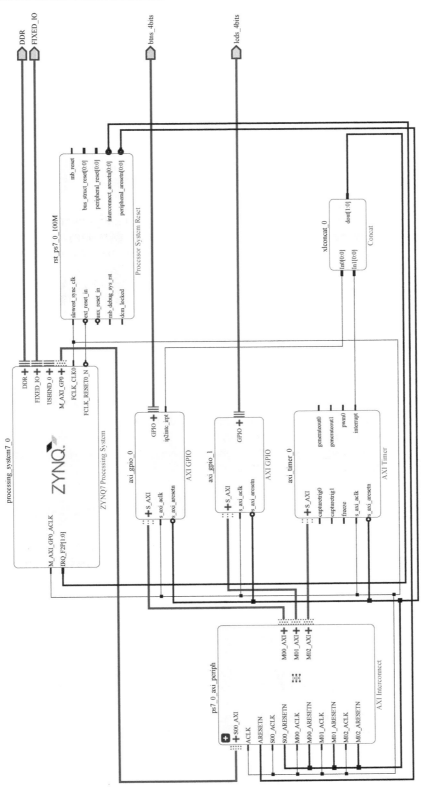

图4.19　配置完成的硬件界面

```
29.
30.  int main ( )
31.  {
32.      Gpio_Init ( ) ;
33.      Timer_Init ( ) ;
34.      Intc_Init ( ) ;
35.      XTmrCtr_Start ( &TMRInst, 0 ) ;//启动定时器
36.      while ( 1 ) ;
37.      return 0;
38.  }
39.  int  Gpio_Init ( )
40.  {
41.      int status;
42.      status = XGpio_Initialize ( &LEDGpio, LEDS_DEVICE_ID ) ;
43.      if ( status != XST_SUCCESS ) return XST_FAILURE;
44.      status = XGpio_Initialize ( &BTNGpio, BTNS_DEVICE_ID ) ;
45.      if ( status != XST_SUCCESS ) return XST_FAILURE;
46.      XGpio_SetDataDirection ( &LEDGpio, 1, 0x00 ) ;//输出
47.      XGpio_SetDataDirection ( &BTNGpio, 1, 0xFF ) ;//输入
48.      return 0;
49.  }
50.  void Timer_Handler ( void *dat )
51.  {
52.    if  ( XTmrCtr_IsExpired ( &TMRInst,0 )) {
53.        printf ( "Enter Timer_Handler!\n\r" ) ;
54.        led_var++;
55.        XGpio_DiscreteWrite ( &LEDGpio, 1, led_var ) ;
56.        XTmrCtr_Stop ( &TMRInst,0 ) ;
57.        XTmrCtr_Reset ( &TMRInst,0 ) ;
58.        XTmrCtr_Start ( &TMRInst,0 ) ;
59.      }
60.  }
61.  int Timer_Init ( )
62.  {
63.      int status;
64.      status = XTmrCtr_Initialize ( &TMRInst, TIMER_DEVICE_ID ) ;
65.      if ( status != XST_SUCCESS ) return XST_FAILURE;
66.      XTmrCtr_SetHandler ( &TMRInst,Timer_Handler, &TMRInst ) ;
67.      XTmrCtr_SetResetValue ( &TMRInst, 0, TIMER_LOAD_VALUE ) ;
68.      XTmrCtr_SetOptions ( &TMRInst,0,XTC_DOWN_COUNT_OPTION|XTC_INT_MODE_
         OPTION|XTC_AUTO_RELOAD_OPTION ) ;
69.      return 0;
70.  }
71.  void BTN_Handler ( void *InstancePtr )
72.  {
73.      XGpio_InterruptDisable ( &BTNGpio, BTN_INT ) ;
74.      if ( ( XGpio_InterruptGetStatus ( &BTNGpio ) & BTN_INT ) !=BTN_INT ) {
75.          return;
76.      }
```

```
77.      led_var++;
78.      XGpio_DiscreteWrite (&LEDGpio, 1, led_var);
79.      printf ("Enter BTN_Handler!\n\r");
80.      (void) XGpio_InterruptClear (&BTNGpio, BTN_INT);
81.      XGpio_InterruptEnable (&BTNGpio, BTN_INT);
82.  }
83.  void Intc_Init ()
84.  {
85.      XScuGic_Config *mXScuGic_Config;
86.      //连接到硬件
87.      Xil_ExceptionInit ();
88.      Xil_ExceptionRegisterHandler (XIL_EXCEPTION_ID_IRQ_INT, (Xil_
         ExceptionHandler) XScuGic_InterruptHandler,
         (void*) &mXScuGic);
89.      //初始化
90.      mXScuGic_Config = XScuGic_LookupConfig (INTC_DEVICE_ID);
91.      XScuGic_CfgInitialize (&mXScuGic, mXScuGic_Config,
         mXScuGic_Config-> CpuBaseAddress);//GIC 初始化
92.      //设置中断服务程序入口地址
93.      XScuGic_Connect (&mXScuGic, INTC_GPIO_INTERRUPT_ID,
94.      (Xil_ExceptionHandler) BTN_Handler, (void *) &BTNGpio);
95.      // Connect timer interrupt to handler
96.      XScuGic_Connect (&mXScuGic, TIMER_INTERRUPT_ID,
97.      (Xil_ExceptionHandler) Timer_Handler, (void *) &TMRInst);
98.      XGpio_InterruptEnable (&BTNGpio, 1);
99.      XGpio_InterruptGlobalEnable (&BTNGpio);
100.     XScuGic_Enable (&mXScuGic, INTC_GPIO_INTERRUPT_ID);//使能 ID61 中断
101.     XScuGic_Enable (&mXScuGic, TIMER_INTERRUPT_ID);//使能 ID62 中断
102.     Xil_ExceptionEnable ();
103.     Xil_ExceptionEnableMask (XIL_EXCEPTION_IRQ);
104. }
```

（13）调试运行程序，开发板上电之后，选择 intc_timer 工程，右击选择 Run As→
Run Configurations，在弹出的界面中选择 System Debugger Using，勾选 Reset Entire
System 和 Program FPGA 选项。将整个系统的设计进行复位，单击 Run 按钮，观察程
序运行结果。

本例把 Zynq-7000 SoC PL 端产生的中断信号连接到 PS 中断控制上。参见表 4-4 共
享外设中断（SPI）中的 PL 中断源。这里 GPIO BTN 产生的中断，中断号是 61；AXI
Timer IP 定时器产生的中断，中断号是 62。相比于 GPIO 中断例程，这里的中断程序不
但使用了 "xscugic.h" 和 "xil_exception.h" 两个头文件，还需要使用 "xtmrctr.h" 头文件，
它包含了 AXI Timer IP 核定时器处理的相关函数。

思考：根据 SDK 提供的相关函数文档，对上面程序的代码进行分析。

上面程序中第 8、94、97 行画框部分的作用是什么？

提示：程序如何实现 GPIO 初始化、方向设置、中断初始化、中断源设置、使能中
断、异常处理、定时器初始化、定时器中断处理函数的设置等，分析程序的实现过程。

4.4　实验要求与验收标准

1. 思考

（1）上面程序按键中断是如何控制 LED 灯的？
（2）上面定时器是如何控制 LED 灯的？
（3）上面实验用到的 GPIO 中断与 4.1.3 节的 GPIO 中断有何区别？
（4）使用 Zynq 中断的一般步骤（流程）是什么？
（5）上面程序中使用的中断函数的具体含义是什么？

2. 收获

（1）使用 Vivado 建立一个 Zynq 的硬件中断工程。
（2）配置 Zynq 的 PL-PS 中断，使 PS 端 CPU 接收 PL 的中断信号。
（3）掌握 Zynq 中断程序设计流程。
（4）掌握 Zynq 定时程序设计流程。
（5）掌握中断和定时相关的软硬件调试技术。

3. 实验进阶要求

（1）定时器中断 2 次后改变 LED 灯状态。
（2）在串口中输出每次按键的值，并通过值改变 LED 灯的状态。

4. 验收标准

（1）实验结果演示。
（2）实现原理、源代码讲解。
（3）根据实现功能复杂程度和效果进行评价。

4.5　实验拓展

（1）硬件工程配置中，再添加一个 AXI GPIO 核，用来控制拨码开关产生中断控制 LED 灯。提示：扩展需要改变硬件配置，配置完成后从 Vivado IDE 中重新导入硬件设计，然后在 SDK 中实现软件功能。
（2）在（1）的基础上同时使用定时器和拨码开关中断，通过软件程序控制 LED 灯的状态。
（3）为自己实现的新工程制作 SD 卡或者 QSPI 启动镜像程序，完成启动过程。

第 5 章　用户自定义 IP 核设计

本章介绍 IP 核的概念、IP 核设计方法、使用 Vivado 工具封装用户 IP 核的设计流程以及对用户 IP 核的实例化，最后介绍在 SDK 中对用户 IP 核进行调用的方法。

IP 核在 FPGA 和嵌入式系统中起着非常重要的作用，使得系统设计者可以在大量预先开发的设计包中进行挑选。这样不仅在开发时间上能带来很多好处，而且可以提供有保证的功能而不再需要额外的测试。

5.1　IP 核概述

IP 核或 IP 包是硬件规范，可以用来配置 FPGA 的逻辑资源，或其他硅芯片上由厂家直接做进集成电路中的逻辑资源。IP 核有三种不同的存在形式，即 HDL 形式、网表形式、版图形式，分别对应三类 IP 核，即软 IP 核、硬 IP 核、固 IP 核。

软 IP 核通常以 HDL 源文件的形式出现，应用开发过程与普通的 HDL 设计也十分相似，但是所需的开发软硬件环境比较昂贵。软 IP 核的设计周期短，设计投入少；由于不涉及物理实现，为后续设计留有很大的发挥空间，增大了 IP 核的灵活性和适应性。由于软 IP 核是以源代码的形式提供的，尽管源代码可以采用加密方法，但其知识产权保护问题不容忽视。

硬 IP 核以掩膜的形式发布，是以一种实际上不允许最终用户修改的格式提供的。这种硬 IP 核既具有可预见性，同时还可以针对特定工艺或购买商进行功耗和尺寸上的优化。尽管硬 IP 核由于缺乏灵活性而可移植性差，但由于无须提供寄存器转移级（register transfer level，RTL）文件，因而更易于实现知识产权保护。

固 IP 核则是软 IP 核和硬 IP 核的折中，是以门电路级别的网络表的软 IP 核格式发布的。也就是说，IP 核厂家把独立的 IP 部件综合起来，提供 IP 功能的逻辑门实现。这样，尽管其还是可定制的，但是对 IP 功能性的修改很难实现。这些内核可归类为固 IP 核，由于内核是预先设计的代码模块，这有可能影响包含该内核的整体设计。由于内核的建立、保持时间和握手信号都可能是固定的，其他电路设计时都必须考虑与该内核进行正确的连接。如果内核具有固定布局或部分固定的布局，那么还将影响其他电路的布局。

Xilinx 及许多第三方公司为用户提供了种类丰富的软 IP 核，这些 IP 核在性能和硬件占据的面积上都做了优化，将实现的功能封装起来供用户调用。用户不必关心这些 IP 核的内部结构，只需要按照接口定义进行调用即可。但在实际使用中，有时用户需要实现一些特殊的功能，此时可以使用 Xilinx 提供的工具封装自己的 IP 核，称为用户自定义 IP 核。传统创建 IP 核的方法是使用 HDL，如 VHDL 或 Verilog。用户 IP 核的定制需要遵循一定的接口规范，且需要使用 HDL 对内部逻辑进行编程与修改。目前在 Xilinx 工具集中也集成了一些其他创建 IP 核的方法，如基于模型的 System Generator 设计或 Vivado HLS，也有一些其他第三方的工具供使用。

5.2　IP 核设计方法

本节介绍创建自己的 IP 核的方法。Xilinx 提供了大量的工具创建嵌入式系统设计中的定制 IP 包。

1. HDL

HDL，如 VHDL 和 Verilog，是专门用来描述数字电路结构和运作的编程语言。用 HDL 创建 IP 核，能最大限度地控制外设的功能。如果有 HDL 设计，那么把它封装为 IP 包，就能使用 IP 模块而不必重新进行设计。

Xilinx 提供了使用 AXI 接口通信的 Xilinx IP Packager 的外设信号命名规范。一个 IP 核的顶层 HDL 文件定义了设计接口，列出了总线接口上的默认连接和端口以及所有的通用变量，并指定了默认值。使用 HDL 设计通过 AXI 接口通信的 IP 核时，必须严格遵循这些命名规范。

如果需要严格时序要求、严苛的硬件限制 IP，或者要实现的功能很复杂，HDL 是最好的选择。但是使用 HDL 进行 IP 核设计不但复杂，而且在设计开发和测试的过程中可能会花费大量的时间。

2. System Generator

System Generator 是一个能利用 Mathworks Simulink 的 FPGA 系统设计平台的设计工具，通常用于 DSP 设计。它实现了高层、基于模型的开发环境进行硬件设计。System Generator 已经完整地集成进了 Vivado 设计流程中，能从 Vivado 中直接创建 IP 包。

System Generator 为 IP 核设计提供了大量的 IP 包，从简单的算术运算到复杂的 DSP 运算，并提供了方便的环境，IP 包可以连接起来快捷方便地做出设计。但是有些功能并非以可读的 HDL 代码形式实现，所以某些设计难以使用。

3. HDL Coder

HDL Coder 是 MathWorks 所做的一个能以 MATLAB 函数和 Simulink 模型产生可综合的 HDL 代码的工具。它的工作流会分析 MATLAB/Simulink 模型，然后自动把这个系统从浮点转换成定点，从而实现高层抽象。HDL Coder 的工作流提供了 HDL 代码校验的工具，能对产生的 HDL 代码与原本的 MATLAB/Simulink 模型进行集成测试。HDL Coder 工作流中提供的 HDL 代码优化能指定目标 FPGA 芯片，可以对代码的实现做出大量的控制，控制 HDL 架构，并做出硬件资源使用情况的估计。但是并非所有的

MATLAB 函数和 Simulink 包都支持 HDL，所以某些功能可能必须用相应的函数或包重新实现。

4. Vivado High-Level Synthesis

Vivado High-Level Synthesis HLS 是 Xilinx 提供的一个工具，它是 Vivado Design Suite 的一部分，能把基于 C 的设计（C、C++或 System C）转换成 Xilinx 全可编程芯片上实现用的 RTL 设计文件（VHDL/Verilog 或 System C）。

Vivado HLS 可以提供三种不同的 RTL 格式：

（1）IP-XACT。IP-XACT 是由 SPIRIT 集团提出的一种公共的设计 IP 核的文档规范。如果需要将 IP 核设计引入 Vivado IP Catalog，就应该选择这种格式。

（2）IP Core。选择这个选项的时候，IP 核能输出为 XPS 的格式。

（3）SysGen。这个选项能把生成的 RTL 结果文件输出成一个可以用在 System Generator 设计中的包。

5.3　自定义 IP 核实验案例

5.3.1　实验目标

本实验的目标是通过 Vivado IP 封装器创建基于 AXI-Lite 的简单控制器（外设），并对 IP 核进行实例化，添加到处理系统中，在 SDK 中对 IP 核进行调用。

本节介绍定制 AXI-Lite IP 核的过程，内容包括创建定制 IP 核模板、修改定制 IP 核设计模板、使用 IP 封装器封装外设。

5.3.2　实验内容

在 Zynq-7000 SoC 的 PL 内定制一个用于控制 PL 一侧 LED 灯的 IP 核。通过 Zynq-7000 SoC 内提供的 AXI GP 端口，该定制 IP 核就可以连接到 Zynq-7000 SoC 内的 PS 中。然后，通过运行在 Cortex-A9 处理器上的软件代码控制 PL 一侧的 LED 灯。

5.3.3　实验流程与步骤

1. 用户 IP 核的建立

Vivado 提供了系统化的封装工具，用户只需遵循操作规范就可以完成用户 IP 核的设计。

（1）启动 Vivado 2017.4，在开始界面 Tasks 栏目下单击 Manage IP 选项，出现浮动菜单。在浮动菜单选择 New IP Location 选项，为用户 IP 核建立一个存放地址，如图 5.1 所示。

图 5.1　建立用户 IP 核导航界面

（2）在图 5.1 中单击 New IP Location 选项，弹出图 5.2 所示界面。在图 5.2 所示的建立向导界面，单击 Next 按钮进入配置界面。

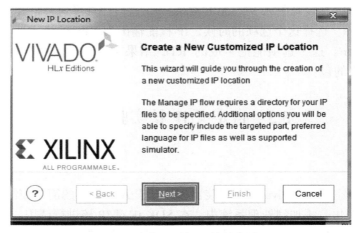

图 5.2　建立用户 IP 核的向导

（3）在图 5.3 配置界面中，Part 选项表示用户 IP 核支持的器件类型，这里可以选择

图 5.3　IP 核的配置界面

Zynq-7000 SoC 器件（如 PYNQ-Z2 的器件类型是 xc7z020clg400-1）也可以先不必配置，接下来的步骤中将会重新配置。Target language 表示用户 IP 核封装使用的语言，可根据用户习惯选择 Verilog 或 VHDL，还需要配置 Target simulator 和 Simulator language，最后选择 IP 核的存放地址。

（4）在图 5.3 配置界面，单击 Finish 按钮，弹出 Create Directory 对话框，单击 OK 按钮，进入图 5.4 的 Manage IP 主界面。

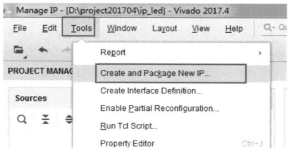

图 5.4　Manage IP 主界面

（5）在图 5.4 的 Manage IP 主界面，单击菜单 Tools→Create and Package New IP，弹出如图 5.5 所示创建新 IP 核的向导界面。单击 Next 按钮，弹出如图 5.6 所示界面。

图 5.5　创建新 IP 核向导

（6）在图 5.6 中，选择 Create a new AXI4 peripheral 选项，创建基于 AXI4 接口规范的 IP 核。单击 Next 按钮，弹出如图 5.7 所示界面。

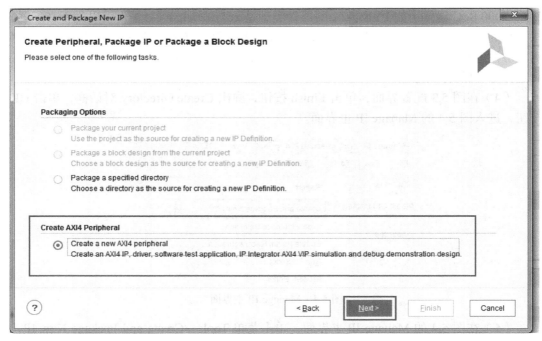

图 5.6　创建新 IP 核的方式选择界面

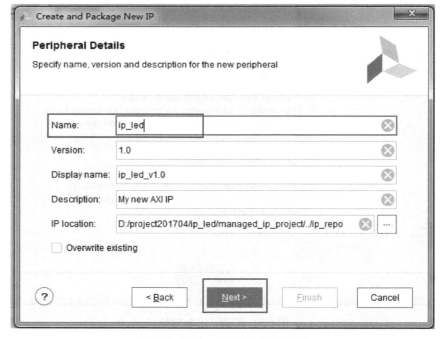

图 5.7　创建新 IP 核的信息界面

（7）在图 5.7 中填写创建 IP 核的信息，Name 改为 ip_led，其他保留默认，单击 Next 按钮，弹出如图 5.8 所示界面。

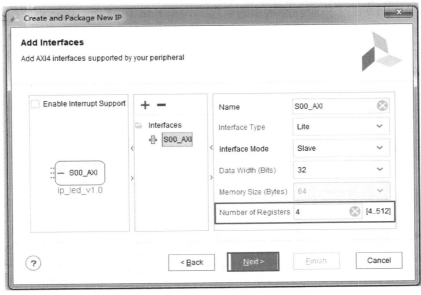

图 5.8　创建新 IP 核的接口信息界面

（8）在图 5.8 中，填写创建 IP 接口的信息，在 Number of Registers 中选择 4，单击 Next 按钮，弹出如图 5.9 所示界面。

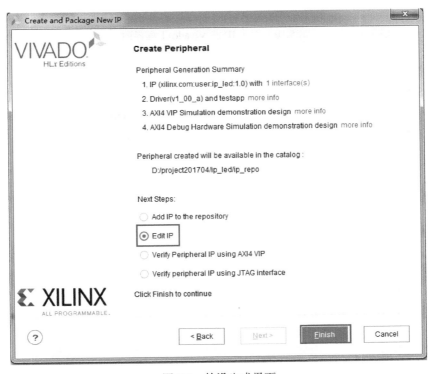

图 5.9　外设生成界面

（9）在图 5.9 中，核对创建接口的信息，勾选 Edit IP 选项，这样将产生 IP 接口文件和一个新的 Vivado 工程，在新建立的工程中可以修改 HDL 源文件、打包 IP 核。

（10）在图 5.9 中，单击 Finish 按钮，打开一个名字为 edit_ip_led_v1_0 的 Vivado 工程，如图 5.10 所示。

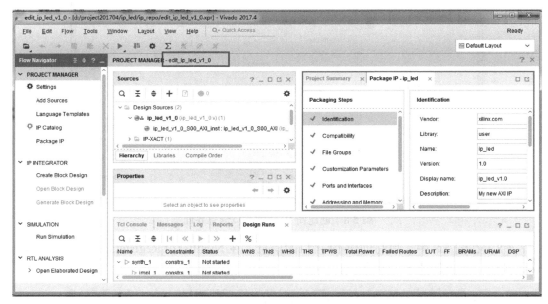

图 5.10　创建 IP 的 Vivado 工程界面

2. 用户逻辑功能设计

在图 5.10 的 Sources 标签页中，展开 Design Sources 文件夹，如图 5.11 所示，看到 HDL 源文件，即 "ip_led_v1_0.v" 和 "ip_led_v1_0_S00_AXI.v"。其中，"ip_led_v1_0.v" 文件实现 AXI-Lite 接口逻辑，以及对前面指定个数寄存器的读/写操作。

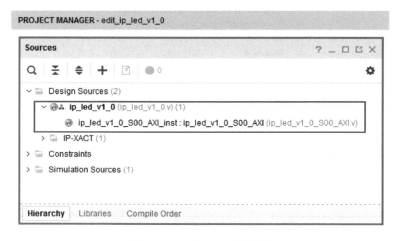

图 5.11　IP 核 HDL 源文件

　　该模板是创建用户定制 IP 核的基础。"ip_led_v1_0_S00_AXI.v"文件实现 PS 软件与 PL AXI-Lite 接口的交互功能。接下来将修改定制 IP 设计模板。在顶层设计模板中添加参数化的输出端口，并且在子模块中将 AXI 所写的数据连接到外部 LED 端口。修改定制模板的过程如下。

　　（1）在图 5.11 中，双击 "ip_led_v1_0.v"，打开该文件，在该文件的第 7 行添加一行代码，如图 5.12 所示，该行代码声明一个参数 "LED.WDTH"，并给该参数赋值为 4。

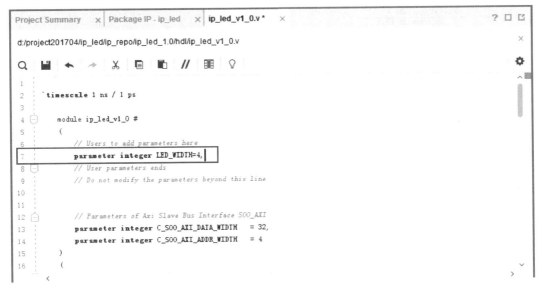

图 5.12　添加参数定义

　　（2）在该文件的第 18 行添加一行代码，如图 5.13 所示，该行代码添加了一个名字为 LED 的 wire 网络类型端口，其宽度为[3:0]。

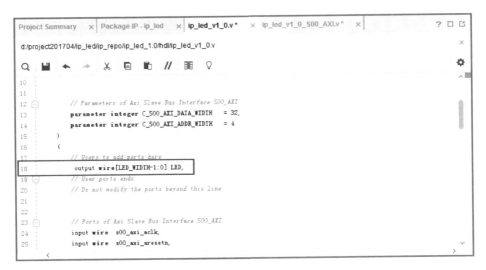

图 5.13　添加端口定义

（3）在该文件的第 48 行和第 52 行各添加一行代码，如图 5.14 所示。

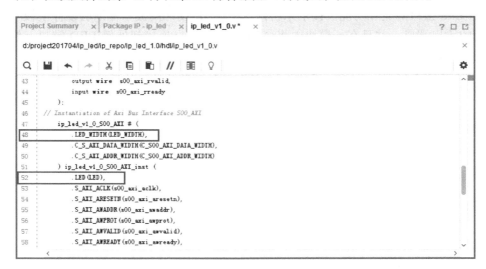

图 5.14　添加参数和端口映射

（4）在 Vivado 当前工程主界面主菜单下，选择 File→Save File，或者按 Ctrl+S 组合键，保存该文件。

（5）在图 5.11 中，双击"ip_led_v1_0_S00_AXI.v"，打开该文件。在该文件的第 7 行和第 18 行分别添加两行代码，如图 5.15 所示。

图 5.15　添加参数和端口定义

（6）在该文件第 401 行添加如图 5.16 所示的代码，这段代码用于实现用户逻辑，该逻辑用于 ip_led。

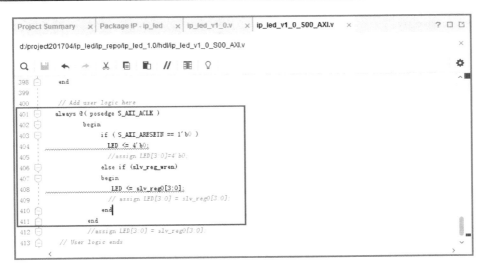

图 5.16 添加用户逻辑代码

（7）在 Vivado 当前工程主界面主菜单下，选择 File→Save File，或者按 Ctrl+S 组合键，保存该文件。

（8）在当前 Vivado 设计界面左侧的 Project Manager 窗口中，找到并展开 Synthesis。在展开项中，找到并单击 Run Synthesis，对设计的 IP 核进行封装。在对 IP 核进行封装前，检查设计的正确性。有时需要执行功能仿真，对功能的正确性进行验证。

（9）在进行完封装后，出现提示对话框，提示成功实现封装的消息，单击 Cancel 按钮即可。

3. 使用 IP 封装器封装外设

（1）在 Vivado 主界面左侧的 Flow Navigator 窗口下，展开 Project Manager 选项，单击 Package IP 条目，主界面右侧出现 Package IP-ip_led 对话框，如图 5.17 所示。

（2）单击图 5.17 左侧 Packaging Steps 窗口内的 Identification 选项。在右侧窗口中，显示出了 IP 核的信息。在右侧窗口下面的 Categories 窗口中，单击"+"按钮，为该 IP 核添加分类，弹出如图 5.18 所示 IP Categories 对话框。

（3）在图 5.18 所示对话框中，默认选中 AXI Peripheral 前面的复选框，表示将把该 IP 核放到 IP 的 AXI Peripheral 分类中，然后单击 OK 按钮。

（4）单击图 5.17 左侧 Packaging Steps 窗口的 Compatibility 选项，在右侧窗口中出现 Compatibility 界面，如图 5.19 所示。该界面中，Family 下面只有 zynq。下面给出添加其他可支持器件的方法。

（5）右击 zynq，在浮动菜单中选中 Add→Add Family Explicity，如图 5.19 所示。

（6）在出现的 Add Family 窗口中，如图 5.20 所示。勾选 virtex7（Virtex-7）复选框，单击 OK 按钮。

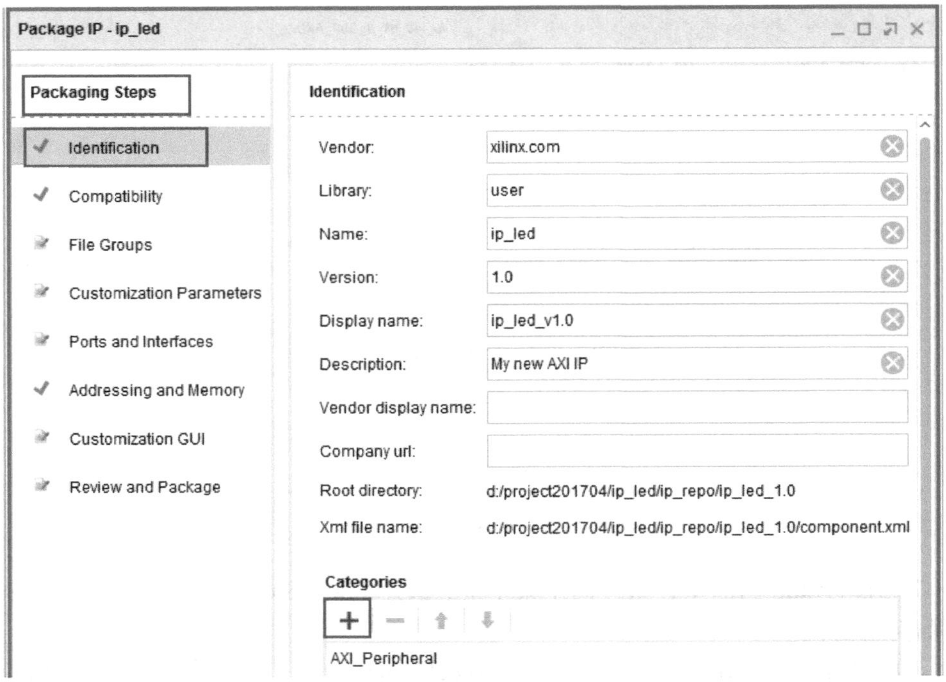

图 5.17　封装 IP 核管理界面

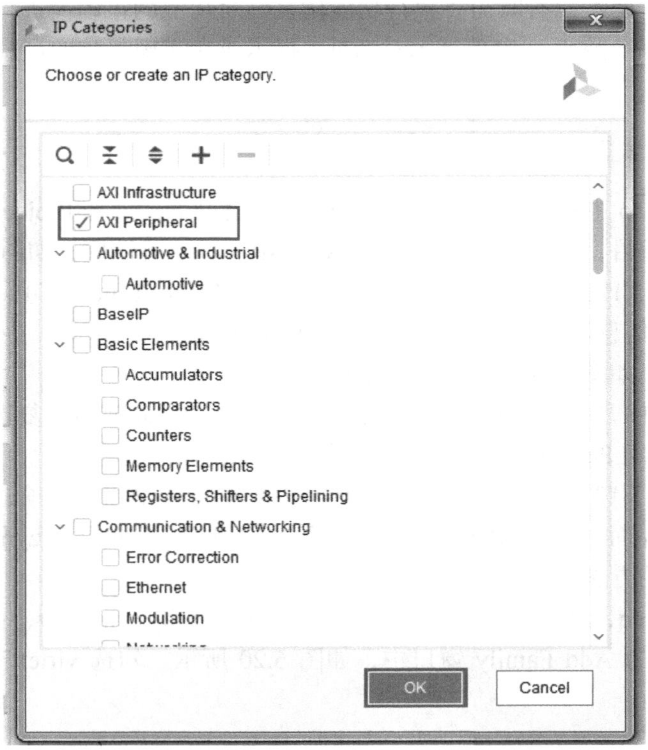

图 5.18　IP 核分类界面

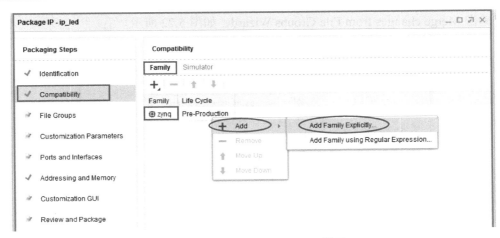

图 5.19 修改 IP Compatibility 界面

（7）将如图 5.21 所示 Family 窗口的 virtex7 右侧的 Life Cycle 选项改为 Pre-Production。

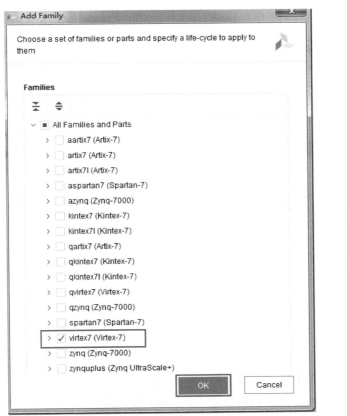

图 5.20 添加器件界面

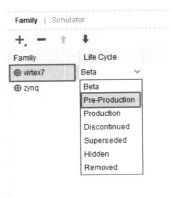

图 5.21 修改 Life Cycle 界面

（8）单击图 5.17 左侧 Packaging Steps 窗口内的 File Groups 选项。在右侧 File Groups

窗口单击 Merge changes from File Groups Wizard，如图 5.22 所示。

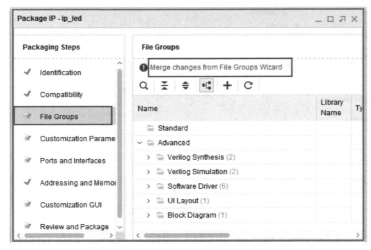

图 5.22　更新文件组界面

（9）单击图 5.17 左侧 Packaging Steps 窗口内的 Customization Parameters 选项。在右侧 Customization Parameters 窗口单击 Merge changes from Customization Parameters Wizard，进行导入参数的操作，如图 5.23 所示。

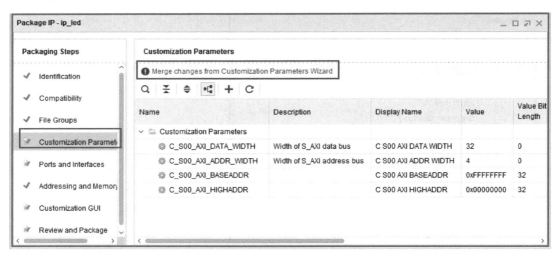

图 5.23　更新参数界面

（10）当导入参数操作结束后，可以看到生成一个 Hidden Parameters 文件夹。展开后可以看到出现了设计添加的 LED_WIDTH 参数，如图 5.24 所示。

（11）单击图 5.17 左侧 Packaging Steps 窗口内的 Ports and Interfaces 选项。在右侧窗口中可以看到已经添加了 LED 端口，如图 5.25 所示。

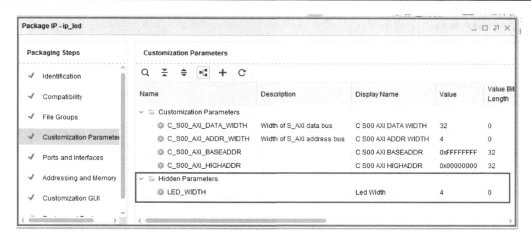

图 5.24　更新参数界面

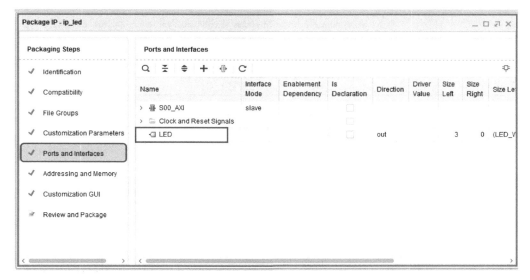

图 5.25　LED 端口界面

（12）单击图 5.17 左侧 Packaging Steps 窗口内的 Review and Package 选项。在右侧窗口 Review and Package 中，单击 Re-Package IP 按钮，如图 5.26 所示。弹出成功封装窗口如图 5.27 所示，单击 Yes 按钮。在 Vivado 主界面下，选择 File→Close Project，关闭当前工程。

4. 调用和测试新 IP 核

（1）启动 Vivado 2017.4，选择 Quick Start→Create Project 创建新工程，输入工程名 test_ip，选择存放路径（路径下不能有中文字符）为"D:/project201704/ip_led"，即上面和创建的 ip_led 的目录相同。并选择 Create project subdirectory 选项，如图 5.28 所示。然后按照 2.2.2 节中使用 Vivado 创建硬件工程步骤完成工程的创建。

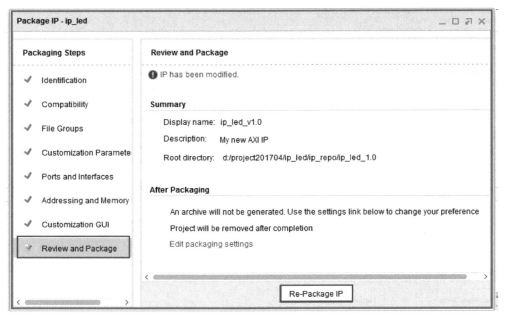

图 5.26　Review and Package 界面

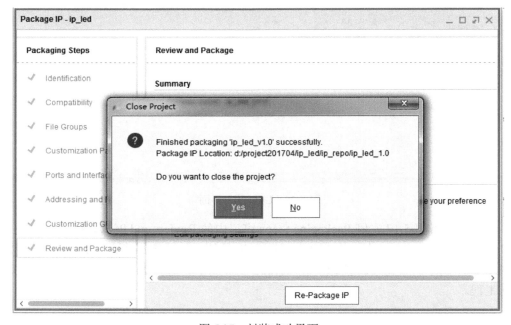

图 5.27　封装成功界面

（2）在 Vivado 主界面左侧的 Flow Navigator 窗口下，展开 Project Manager 选项，选择并单击 Settings 选项，弹出 Settings 界面，如图 5.29 所示。在 Settings 对话框左侧选择 IP→Repository 选项，出现右侧 IP Repositories 窗口。

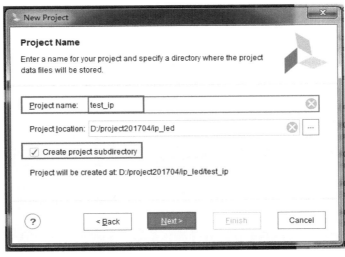

图 5.28　创建测试 IP 核 Vivado 工程界面

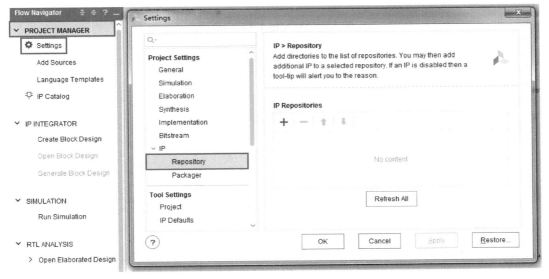

图 5.29　添加 IP 核路径位置界面

（3）在 IP Repositories 窗口下，单击"+"按钮，把新创建的 IP 核加入，如图 5.30 所示。

（4）按照 2.2.2 节中步骤 2 使用 IP 核建立处理器内核，操作到图 2.16 自动预设电路配置界面，单击 OK 按钮返回 IP 核设计界面，如图 5.31 所示。

（5）在图 5.31 中，单击搜索图标，弹出图 5.32 界面，在 Search 文本框中输入 ip_led，找到后，双击添加 ip_led 核，如图 5.33 所示。

（6）在图 5.33 中单击 Run Connection Automation，勾选所有选项，单击 OK 按钮返回 IP 核设计界面，如图 5.34 所示。

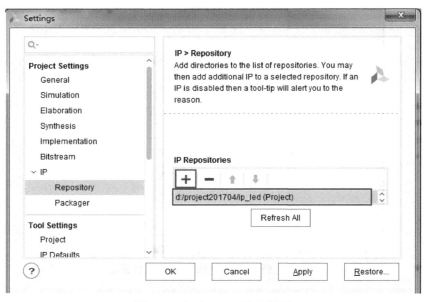

图 5.30　加入 ip_led 核的界面

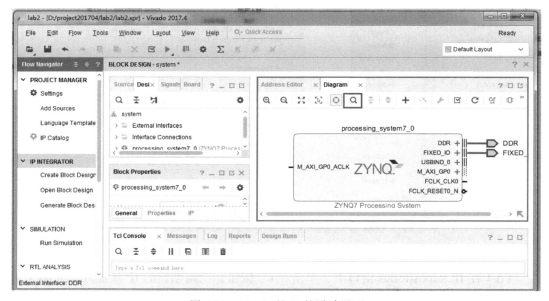

图 5.31　Vivado 的 IP 核设计界面

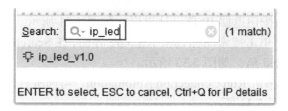

图 5.32　ip_led 搜索界面

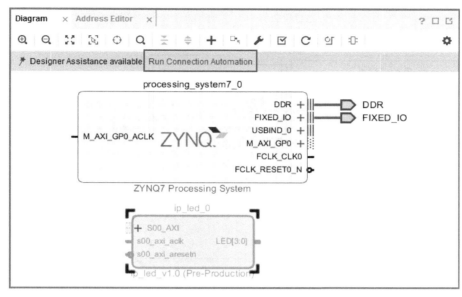

图 5.33　添加 ip_led 核后的界面

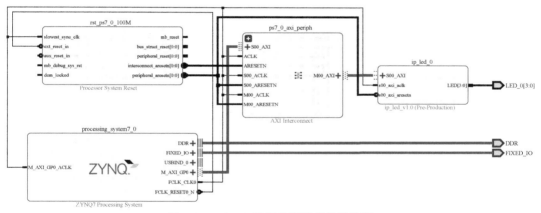

图 5.34　Vivado 连接的硬件系统结构图

（7）在图 5.34 中右击 LED[3:0]，在浮动菜单中选择 Make External 选项，给 LED 添加端口，如图 5.35 所示。添加完端口后，硬件设计图如图 5.36 所示。

（8）在图 5.31 中，选择 Address Editor 标签，在该标签页下，系统已经为 ip_led 分配了地址空间，如图 5.37 所示。

（9）给 LED 端口添加约束文件：①在 BLOCK DESIGN 中，右击 Sources 选项卡下的 Constraints，在弹出的菜单中选择 Add Sources 命令；②出现 Add Sources 对话框，选中 Add or Create Constraints 前面的单选框；③单击 Next 按钮；④出现"Add Sources；Add or Create Constraints"对话框；⑤单击 Add Files 按钮，出现 Add Constraint Files 对话框，在该对话框中，定位到本书提供资料的第 5 章目录下面，找到 xdc，在该路径下双击"led.xdc"文件；⑥自动返回 Add Sources 对话框，单击 Finish 按钮；⑦在 Sources 标签页下找到并展开 Constraints，在展开项中找到并再次展开 constrs_1，双击"led.xdc"文件，具体内容如下：

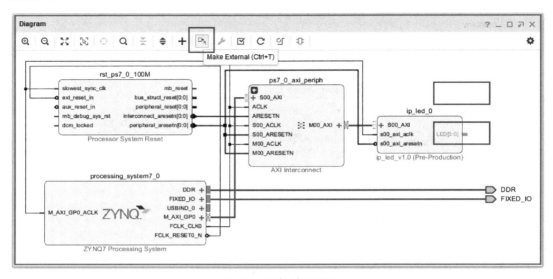

图 5.35　添加端口界面

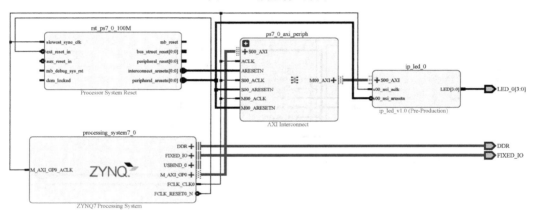

图 5.36　添加端口后的硬件系统结构图

Cell	Slave Interface	Base Name	Offset Address	Range	High Address
∨ ⊕ processing_system7_0					
∨ ⊞ Data (32 address bits : 0x40000000 [1G])					
⊏⊐ ip_led_0　S00_AXI		S00_AXI_reg	0x43C0_0000	64K ▾	0x43C0_FFFF

图 5.37　系统分配的地址空间

```
    set_property  -dict{PACKAGE_PIN  R14   IOSTANDARD  LVCMOS33}[get_ports
{LEDs_tri_o[0]}]
    set_property-dict{PACKAGE_PIN   P14   IOSTANDARD   LVCMOS33}[get_ports
{LEDs_tri_o[1]}]
    set_property-dict{PACKAGE_PIN   N16   IOSTANDARD   LVCMOS33}[get_ports
{LEDs_tri_o[2]}]
    set_property-dict{PACKAGE_PIN   M14   IOSTANDARD   LVCMOS33}[get_ports
```

```
{LEDs_tri_o[3]}]
```

（10）按照 2.2.2 节步骤 3 产生输出文件和封装 HDL 顶层文件，然后生成比特流文件。接着单击 File→Export→Export Hardware，选择 Include bitstream，输出硬件设计，再单击 File→Launch SDK，启动 SDK，进行软件开发。

（11）在 SDK 开发界面中，选择 File→New→Application Project，在 "Project name："中填写 test_ip，创建新的板级支持包，其他设为默认，单击 Next 按钮，在弹出的工程模板界面选择 Empty Application，单击 Finish 完成工程的建立。

（12）软件代码如下：

```
1.    #include"xparameters.h"
2.    #include"ip_led.h"
3.    #include<xil_printf.h>
4.    #include"sleep.h"
5.    int main(void)
6.    {
7.      char i;
8.      while(1){
9.           for (i=0;i<255;i++)
10.          {
11.              IP_LED_mWriteReg(XPAR_IP_LED_0_S00_AXI_BASEADDR,0,i);
12.              //Xil_Out32(XPAR_IP_LED_0_S00_AXI_BASEADDR,i);
13.            usleep(100000);
14.          }
15.      }
16. }
```

（13）开发板上电之后，右击 test_ip 工程，选择 Run As→ Run Configurations。

（14）在弹出的菜单中选择 System Debugger Using，勾选 Reset Entire System 和 Program FPGA 选项。将整个系统的设计进行复位，单击 Run 按钮。

（15）程序的运行结果如图 5.38 所示。

图 5.38　程序运行结果

思考：通过查看 LED 灯状态变化，分析上面的程序代码。

5.4 实验要求与验收标准

1. 思考

（1）上面实验用到的 IP_LED_mWriteReg 函数如何定义？
（2）IP_LED_mWriteReg 完成的功能是什么？
（3）"ip_led.h" 文件中其他函数的定义和功能是什么？
（4）XPAR_IP_LED_0_S00_AXI_BASEADDR 是在哪个文件中定义的？

2. 收获

（1）使用 Vivado 创建 HDL 的 AXI-Lite IP 核。
（2）实现 IP 核的端口配置用户逻辑。
（3）封装 IP 并加载到 IP Repositories 中。
（4）Vivado 工程中添加配置自定义 IP 核。
（5）在 SDK 应用程序中调用 API 对端口进行控制。
（6）学习软硬件调试技术。

3. 实验进阶要求

（1）改变 LED 灯闪烁方式。
（2）添加一个 GPIO 核，用来获取 PYNQ-Z2 的拨码开关信息，并通过它控制 LED 灯的闪烁方式（注：这个扩展需要改变硬件配置，配置完成后从 Vivado IDE 中重新导出硬件，在 SDK 中实现软件功能）。

4. 验收标准

（1）实验结果演示。
（2）实现原理、源代码讲解。
（3）根据实现功能复杂程度和效果进行评价。

5.5 实 验 拓 展

（1）参考前面的方法和步骤，设计一个 IP 核，完成按键状态信息的读入。
（2）对设计的 IP 核进行验证。
（3）建立新工程，调用设计的 IP 核完成相应的功能。
（4）为自己实现的新工程制作 SD 卡或者 QSPI 启动镜像程序，完成启动过程。

第6章　Zynq 调试技术及软硬件系统调试

在一个嵌入式系统设计中，要进行软硬件协同设计，更需要软件和硬件之间进行交互。当设计完成后，软硬件在各自的独立开发和测试阶段完成自身的测试和验证之后，还要进行系统级测试。即使两个部分在各自分离的情况下能够正常运行，当它们在一起运行时，也可能产生新的问题，这就需要软硬件联合调试。

本章介绍在 Zynq-7000 SoC 内软硬件协同调试的原理及实现方法，具体内容包括 ILA 核原理、VIO 核原理，构建协同调试硬件系统，生成软件工程和软硬件协同调试。通过本章的学习，读者将掌握基于 Zynq-7000 SoC 嵌入式系统的调试方法以提高设计效率，缩短系统调试时间。

6.1　ILA 核简介

可定制的集成逻辑分析仪（ILA）IP 核是一个逻辑分析器，用于监视一个设计的内部信号。ILA 核包含现代逻辑分析仪的高级特征，包括布尔触发方程和边缘过渡触发器。因为 ILA 核与被监控的设计信号同步，所以所有应用于设计的约束时钟也适用于 ILA 核组件。

ILA 核的特征如下：

（1）用户可选择探头端口数和探头宽度。

（2）多个探头端口，可以组合成单一触发条件。

（3）ILA IP 核上的 AXI 接口用于调试 AXI IP 系统中的核心。

FPGA 设计中的信号连接到 ILA IP 核时钟和探头输入如图 6.1 所示。连接到探头输入端的这些信号以设计的速度采样，并存储在块 RAM（BRAM）中。IP 核参数指定了探

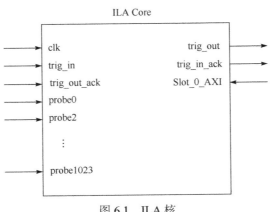

图 6.1　ILA 核

针的数量、跟踪采样深度和每个探头输入的宽度。ILA 核通过连接到 FPGA 的 JTAG 接口与自动实例化调试核心集线器进行通信。

设计加载到 FPGA 后，使用 Vivado 逻辑分析仪软件进行设置 ILA 测量的触发事件。触发器动作后，将填充样本缓冲区并上传到 Vivado 逻辑分析仪。可以使用波形查看器观察所获取的数据。常规 FPGA 逻辑用于实现探针采样和触发功能。软件上传数据存储在片上 BRAM 中。

1. ILA 触发器输入逻辑

ILA 核的触发方式包括许多特征，根据这些特征检测触发事件。ILA 触发器的特征如表 6.1 所示。

表 6.1　ILA 触发器的特征

特征	描述
布尔等式触发条件	触发条件由布尔 AND 或者 OR 组合在一起，最多包含 16 个匹配单元函数
多级触发时序器	触发条件由多级触发序列器组成，触发序列器组成最多包含 16 个匹配单元函数
布尔等式存储限制条件	存储限制条件由布尔 AND 或者 OR 组合在一起，最多包含 16 个匹配单元函数
宽触发器端口	每个触发器端口能达到 1~256 位宽
多触发器端口	最多可以有 16 个触发器端口
触发器端口有多个匹配单元	每个触发器端口最多连接 16 个匹配单元

2. 多触发器端口

如果将各种信号和总线连接到单一的触发端口，那么当在指定范围内寻找地址总线时，就无法单独监测多个组合信号上的比特位跳变。需要测量的内部系统总线由控制、地址和数据信号构成，可以指定一个单独的触发端口监测每个信号组，监测不同信号和总线的能力需要使用多触发端口。通过在不同匹配单元类型中进行灵活的选择，可以定制 ILA 核满足触发需求，同时可以保持使用最少的逻辑设计资源。

3. 使用触发器和存储限制条件

触发条件是一个布尔值或事件的连续组合，由连接在核触发器端匹配单元的比较器进行监测。在数据捕获窗口，触发条件用来标志一个明显的起始点，该点可设置在数据捕获窗口的开始、结束或窗口中的任意位置。

存储限制条件也是事件的布尔逻辑组合，这些事件由连接到核触发端口的匹配单元比较器检测。然而，存储限制条件不同于触发条件，它评估触发端口匹配单元事件，以决定是否要捕获和存储每个数据样本。触发和存储限制条件可一起使用，以确定开始捕获过程的时间及捕获数据的类型。

4. ILA 触发器输出逻辑

ILA 触发器的 TRIG_OUT 端口输出触发条件，由分析仪在运行时建立。可以在运行时控制触发输出的类型（电平或脉冲）和敏感信号（高电平有效或低电平有效）。TRIG_OUT 端口非常灵活且有许多用途。连接 TRIG_OUT 端口到器件引脚以触发外部测试设备，如示波器和逻辑分析仪。连接 TRIG_OUT 端口到嵌入式 Cortex-A9 或 MicroBlaze 处理器的中断信号，从而产生软件事件。

5. ILA 数据捕获逻辑

每个 ILA 核能够独立使用片上 BRAM 资源捕获数据。捕获数据的模式有两种，分别为窗口和 N 样本。

1）窗口捕获模式

在窗口捕获模式中，样本缓冲区可分为一个或多个同样规模样本的窗口。使用单一的事件触发条件，即各自触发器匹配单元事件的布尔组合，收集足够的数据用于填充样本窗口。当采样窗口的深度为 2 的幂次方时，可以达到 131072 次采样。触发位置可以设置在采样窗口的起始（先触发，再收集）、采样窗口的结尾（收集直到触发事件）或采样窗口的任何地方。在其他情况下，由于窗口的深度不是 2 的幂次方，触发位置只能设定在采样窗口的起始点。采样窗口一旦填满，就会自动重新加载 ILA 核的触发条件并继续监测触发条件的事件。重复该过程，直到填满所有样本缓冲区的抽样窗口或用户停止使用 ILA 核。

2）N 样本捕获模式

N 样本捕获模式类似于窗口捕捉模式，但有以下两个差别：

（1）每个窗口的采样个数可以是任意整数 N，范围是从 1 到样本缓冲大小减 1 的值。

（2）触发器的位置必须始终在窗口的位置 0。

N 样本捕获模式使每个触发器易于捕获精确数量的样本，同时不浪费有用的捕获存储资源。当捕获和观察用来触发核的数据时，设计者可以选择来自一个或多个触发端口的数据。该特性有助于节省资源，同时提供了选择感兴趣的触发信息实现捕获数据的灵活性。

6. ILA 控制与状态逻辑

ILA 核包含少量的控制和状态逻辑，用来保证核的正常操作。

6.2　VIO 核简介

虚拟输入/输出（virtual input/output，VIO）IP 核是一个可定制的核，可以实时监控和驱动 FPGA 内部信号，如图 6.2 所示。根据 FPGA 设计的接口，输入和输出端口的数目和宽度大小可定制。因为 VIO 核与被监控的设计和/或驱动信号同步，所以所有应用于设计的约束时钟也适用于 VIO IP 核组件。与 VIO IP 核的运行时交互需要使用 Vivado 逻辑分析仪。与 ILA IP 核不同的是，VIO IP 不需要使用片上或片外 RAM 资源。

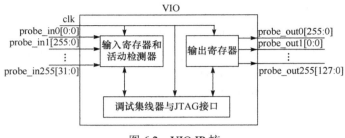

图 6.2　VIO IP 核

VIO IP 核特征如下：

（1）通过输入端口提供虚拟指示灯和其他状态的指示器。

（2）包括可选的活动探测器检测样本上升和下降之间的转换状态。

（3）通过输出端口提供虚拟按钮和其他控件。

（4）当设备进行配置和启动时允许指定 VIO 核的输出值。

（5）在运行过程中可以将 VIO 核复位为其初始值。

在 VIO 核中有四种类型的信号，如表 6.2 所示。

表 6.2　VIO 核的信号

信号类型	描述
异步输入	用 JTAG 电缆驱动的 JTAG 时钟信号采样。定期读取输入值并显示在分析仪上
同步输入	使用设计时钟采样。定期读取输入值并显示在分析仪上
异步输出	在分析仪中，由用户定义将 VIO 核输出发送到周围的设计中。每个独立的异步输出口可以定义成逻辑 1 或逻辑 0
同步输出	在分析仪中，由用户定义，与设计时钟同步，将核的输出发送到周围的设计中。单独的同步输出可以定义成逻辑 1 或逻辑 0。因此可以将 16 个时钟周期的脉冲序列（1 和/或 0）定义为同步输出

1. 活动检测器

每个 VIO 核输入有额外的单元用于捕获输入信号的跳变。由于设计时钟可能比分析仪的采样周期更快，因此在连续采样间被监测信号可能跳变很多次。活动探测器捕获这些跳变行为，并显示结果。如果是同步输入，则使用能够监测异步和同步事件的活动单元。这些特性可用于检测毛刺及同步输入信号上的同步转换状态。

2. 脉冲序列

每个 VIO 核可以同步输出静态 1、静态 0，或者连续值的脉冲序列。脉冲序列是一个在 16 个时钟周期内 1 和 0 交替变化的序列。在设计连续时钟周期时，从 VIO 核中输出该序列到分析仪中，定义脉冲序列在装入核之后仅执行一次。

6.3　构建协同调试硬件系统和软件工程

本节在第 5 章自定义 IP 核工程的基础上，构建协同调试硬件系统，具体内容包括在 test_ip 工程基础上添加 ILA 和 VIO IP 核以及 GPIO 核（控制 BTN 按钮），实现硬件系统的设计。

6.3.1　硬件系统构建

1. 打开 test_ip 设计工程

（1）将 ip_led 目录复制到 "D:/project201704" 目录下。

（2）启动 Vivado 2017.4，在 Quick Start 标题栏下，单击 Open Project 选项，在如图 6.3 所示的 Open Project 界面中，定位到 test_ip 工程目录下，选中 "test_ip.xpr"，单击 OK 按钮。

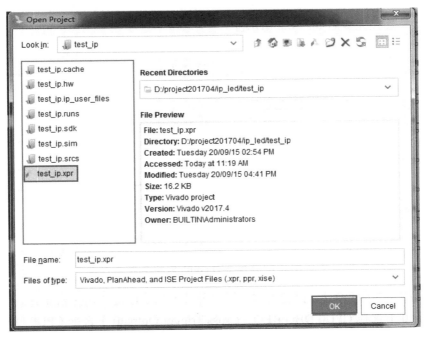

图 6.3　Open Project 界面

（3）在 Vivado 主界面选择 File→Save Project As，弹出如图 6.4 所示界面，另存工程为 test_ipdebug，创建新工程，单击 OK 按钮。

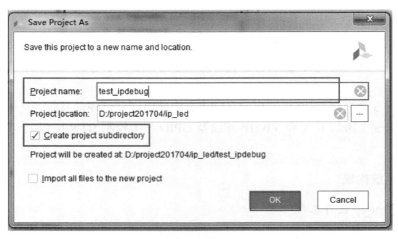

图 6.4　Save Project As 界面

（4）在 Vivado 主界面左侧的 Flow Navigator 窗口下，找到并展开 IP Integrator。在展开项中，选择并单击 Open Block Design。

（5）在 Diagram 窗口工具栏内单击 "+" 按钮，添加 AXI GPIO 核（选 btns_4bits）并进行连接，连接完成后如图 6.5 所示。

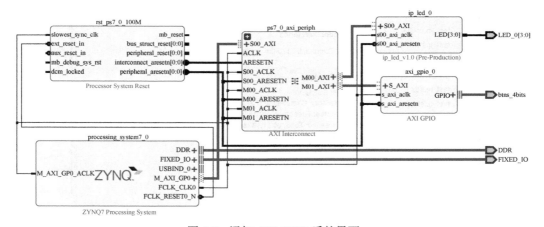

图 6.5　添加 AXI GPIO 后的界面

（6）双击 ZYNQ 模块，设置 PS-PL 端，勾选 PS-PL Cross Trigger interface，在 Cross Trigger Input0 下选择 CPU0 DBG REQ，Cross Trigger Output0 下选择 CPU0 DBG ACK，如图 6.6 所示，单击 OK 按钮。

2. 添加 ILA 和 VIO IP 核

（1）在 Diagram 窗口工具栏内，单击 "+" 按钮，出现 IP Catalog 对话框。

（2）在 Search 文本框中输入 ILA，找到并双击 ILA（Integrated Logic Analyzer），将它的一个例化 ila_0 添加到设计中，ILA IP 核如图 6.7 所示。

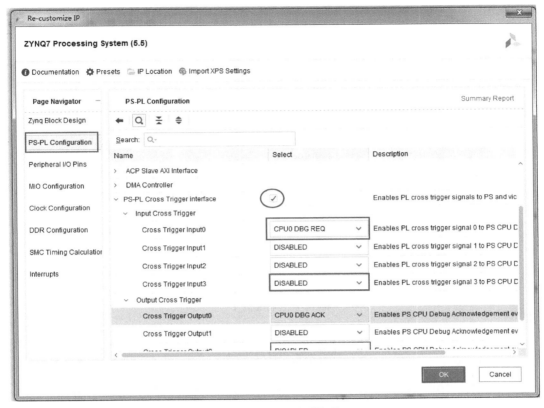

图 6.6　PS-PL 配置界面

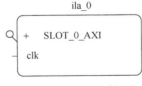

图 6.7　ILA IP 核

（3）在 Diagram 窗口中找到并双击 ila_0 模块，出现"Re-customize IP　ILA（Integrated Logic Analyzer）（6.2）"对话框。在该对话框中设置参数如下：①单击 General Options 标签，选中 Monitor Type 标题栏下的 Native，如图 6.8 所示，勾选 Trigger Out Port、Trigger In Port 选项。②单击 Probe_Ports（0..0）标签，在该标签下，将 Probe Width[1..4096]的值改成 4，如图 6.9 所示。

（4）单击 OK 按钮，退出 Re-customize IP 对话框。在 Diagram 窗口内，使用绘图工具，将 ila_0 实例的 PROBE0 端口连接到 ip_led 实例的 LED 端口，将 ila_0 实例的 CLK 端口连接到其他实例的 s_axi_aclk 端口。将 ila_0 实例 TRIG_IN 端口连接到 ZYNQ 的 TRIGGER_OUT_0 端口，ila_0 实例 TRIG_OUT 端口连接到 TRIGGER_IN_0 端口。

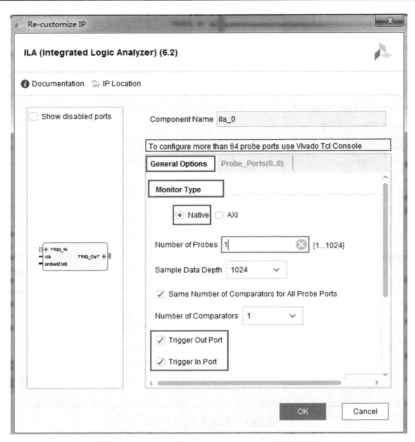

图 6.8　ILA IP 核 General Options 参数设置

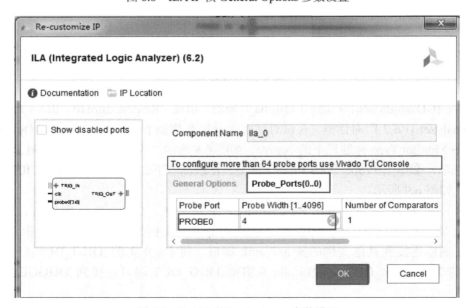

图 6.9　ILA IP 核 Probe_Ports 参数设置

（5）在 Diagram 窗口工具栏内，单击"+"按钮，出现 IP Catalog 对话框，在 Search 文本框输入 vio，找到并双击 VIO（Virtual Input/ Output），Vivado 自动将它的一个实例化 vio_0 添加到设计中，VIO IP 核如图 6.10 所示。

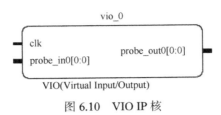

图 6.10　VIO IP 核

（6）在 Diagram 窗口下，找到并双击 vio_0 实例。出现 Re-customize IP　VIO（Virtual Input/Output）（3.0）对话框。

在 General Options 标签下，如图 6.11 所示，参数设置如下：① Input Probe Count 输入 1；② Output Probe Count 输入 1。

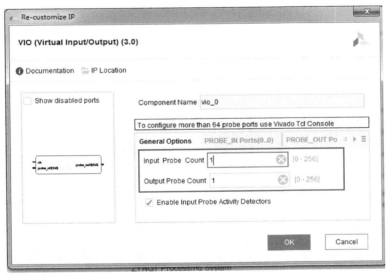

图 6.11　VIO IP 核 General Options 参数设置

在 PROBE_IN Ports（0..0）标签下，如图 6.12 所示，参数设置如下：PROBE_IN0 对应的 Probe Width 输入 4。

在 PROBE_OUT Ports（0..0）标签下，如图 6.13 所示，参数设置如下：① PROBE_OUT0 对应的 Probe Width 输入 4；② Initial Value（in hex）输入 0x3。

（7）单击 OK 按钮，退出 Re-customize IP 对话框，使用绘图工具，连接下面的端口：① probe_in0 连接到 ip_led 实例的 LED 端口；② 单击 GPIO +使 probe_out0[3:0]连接到 gpio_io_i[3:0]，如图 6.14 所示。

（8）在 Diagram 窗口内，使用绘图工具，将 vio_0 实例的 clk 端口连接到其他实例的 s_axi_aclk 端口。

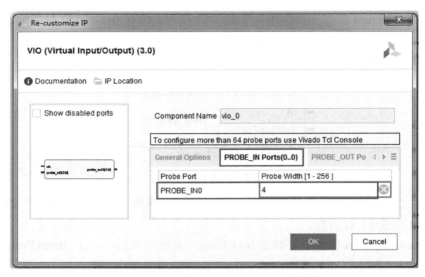

图 6.12　VIO IP 核 PROBE_IN Ports 参数设置

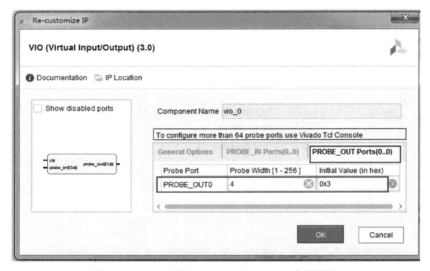

图 6.13　VIO IP 核 PROBE_OUT Ports 参数设置

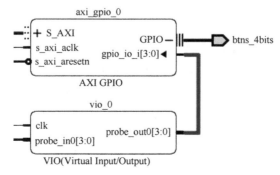

图 6.14　VIO IP 核 probe_out0[3:0]设置

（9）在 Diagram 窗口的工具栏内重新绘制系统结构，如图 6.15 所示。

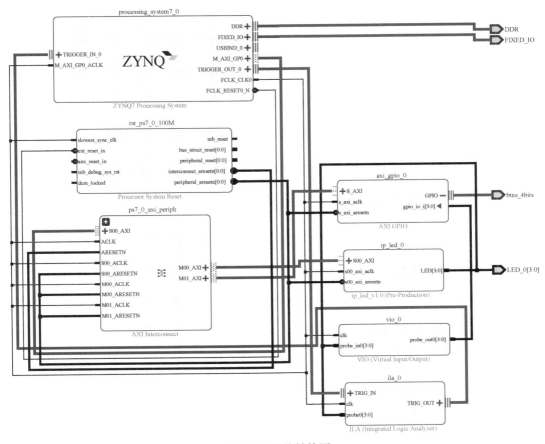

图 6.15　系统结构图

（10）按照 2.2.2 节步骤 3 的方法，产生此工程的输出文件和封装 HDL 顶层文件，然后生成比特流文件。

6.3.2　软件工程创建

（1）打开 test_ipdebug 工程目录，删除“test_ipdebug.sdk”子目录。因为 test_ipdebug 工程是从 test_ip 工程复制而来的，在创建软件工程前，删除原来 SDK 工程的内容，如图 6.16 所示。

（2）选择 File→Export→Export Hardware→Include bitstream，输出硬件设计，再选择 File→Launch SDK，启动 SDK，进行软件开发。

（3）在 SDK 开发界面中，选择 File→New→Application Project，在 Project name 中填写 test_ipdebug，创建新的板级支持包，其他设为默认，单击 Next 按钮，在弹出的工程模板界面选择 Empty Application，单击 Finish 完成工程的建立。

图 6.16　test_ipdebug 工程的目录结构

（4）软件代码如下：

```
1.    #include "xparameters.h"
2.    #include "xgpio.h"
3.    #include "ip_led.h"
4.    #include <xil_printf.h>
5.    #include "sleep.h"
6.    int main (void)
7.    {
8.        char i;
9.        XGpio_Config *XGpioCfg;
10.       XGpio XGpio;
11.       int Status,btn;
12.       XGpioCfg = XGpio_LookupConfig (XPAR_GPIO_0_DEVICE_ID);
13.       Status = XGpio_CfgInitialize (&XGpio, XGpioCfg,
          XGpioCfg->BaseAddress);
14.       if (Status != XST_SUCCESS){
15.           return XST_FAILURE;
16.       }
17.       XGpio_SetDataDirection (&XGpio, 1, 0xFFFFFFFF);
18.       while (1){
19.           for (i=0;i<255;i++)
20.           {
21.               btn = XGpio_DiscreteRead (&XGpio,1);
22.               IP_LED_mWriteReg (XPAR_IP_LED_0_S00_AXI_BASEADDR,0,i);
23.               //Xil_Out32 (XPAR_IP_LED_0_S00_AXI_BASEADDR,i);
24.               usleep (100000);
25.           }
26.       }
27.   }
```

6.4　软硬件协同调试

本节对前面设计进行验证和调试，步骤如下：

（1）在 SDK 主界面的菜单栏，选择 Xilinx→Program FPGA，如图 6.17 所示。弹出 Program FPGA 对话框，如图 6.18 所示，单击 Program 按钮，将比特流文件下载到 PYNQ-Z2 开发板上。

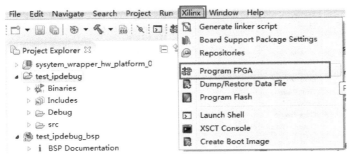

图 6.17　Xilinx FPGA 选项

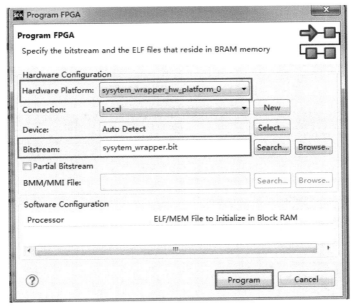

图 6.18　Program FPGA 对话框

（2）在 SDK 主界面的左侧 Project Explorer 窗口下，右击 test_ipdebug 文件夹，出现浮动菜单栏。在浮动菜单栏选择 Debug As→Launch on Hardware（System Debugger），执行程序如图 6.19 所示。弹出一对话框，询问是否切换到调试界面，单击 Yes 按钮。

（3）弹出如图 6.20 所示 Debug 程序调试界面，在界面的上方可以看到程序调试的工具栏，下方可以看到将要执行的第一条程序的入口点，在这里可以单步调试程序。

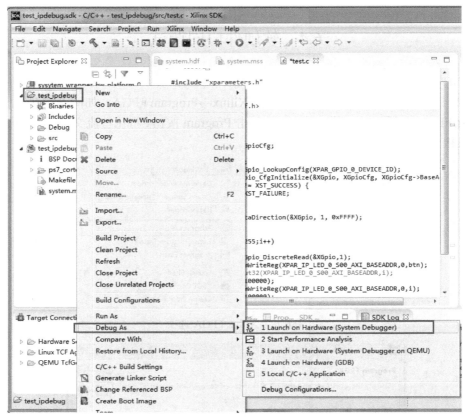

图 6.19　执行 Debug 程序选项

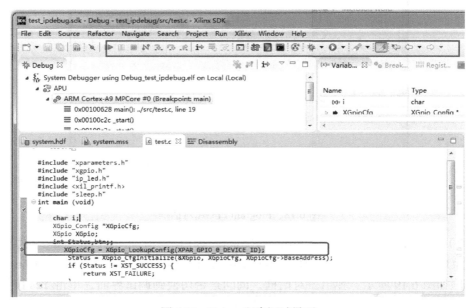

图 6.20　Debug 程序调试界面

（4）返回 Vivado 界面，连接开发板。

（5）在 Vivado 主界面左侧的 Flow Navigator 窗口下找到并展开 Open Hardware Manager 窗口，单击 Open Target，出现浮动菜单，在浮动菜单中选择 Open New Hardware Target 选项，出现如图 6.21 所示界面，单击 Next 按钮，进入如图 6.22 所示的 Hardware Server Settings 界面，单击 Next 按钮，进入如图 6.23 所示的 Select Hardware Target 界面，出现硬件 Server 的 Type 和 Name，单击 Next 按钮，进入如图 6.24 所示的 Open Hardware Target Summary 界面，单击 Finish 按钮。

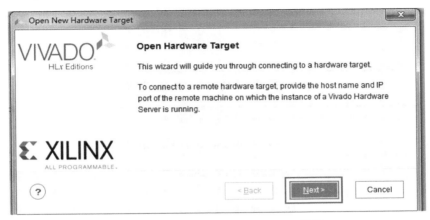

图 6.21　Open New Hardware Target 界面

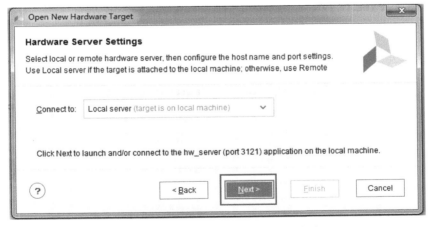

图 6.22　Hardware Server Settings 界面

（6）在 Vivado 主界面菜单栏，单击 Window，选择 Debug Probes，如图 6.25 所示，弹出如图 6.26 所示界面。在图 6.26 中选择 hw_vio_1，会出现如图 6.27 所示 VIO 核调试界面；选择 hw_ila_1，会出现如图 6.28 所示 ILA 核调试界面。

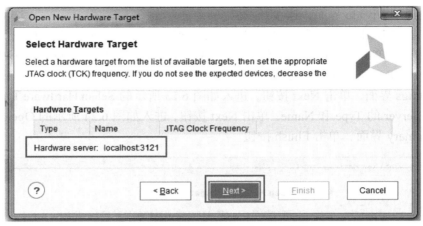

图 6.23　Select Hardware Target 界面

图 6.24　Open Hardware Target Summary 界面

图 6.25　选择 Debug Probes 界面

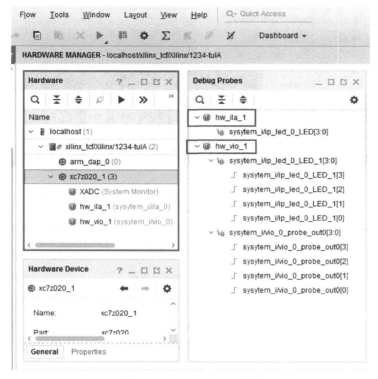

图 6.26　Debug Probes 界面

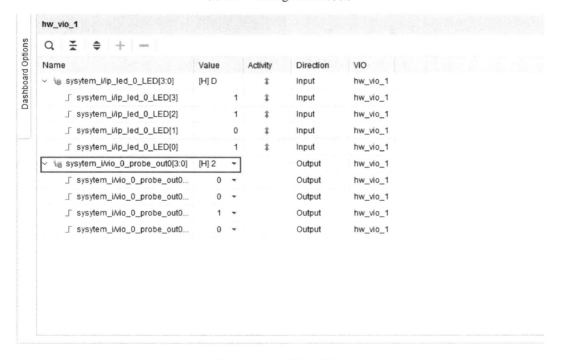

图 6.27　VIO 核调试界面

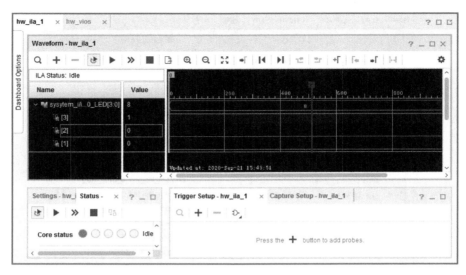

图 6.28　ILA 核调试界面

（7）在图 6.27 中选中 sysytem_i/vio_0_probe_out0[3:0]，单击 Value 下拉箭头，出现如图 6.29 所示界面，可以设置按键的输出值（十六进制格式）。在程序中可以读入按键值控制 LED 的状态。在图 6.28 中通过 ILA 核可以观察 LED 变化的波形。

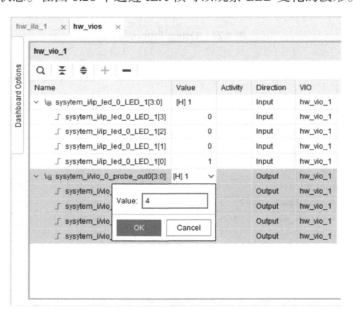

图 6.29　ILA 核值参数设置界面

（8）观察完现象后，停止程序的执行。在 SDK 主界面主菜单下，选择 File→Exit，退出 SDK。

（9）在 Vivado 主界面主菜单下，选择 File→Close Hardware Manager，关闭硬件会话，再单击 OK 按钮。

（10）在 Vivado 主界面主菜单下，选择 File→Exit，关闭 Vivado 程序；单击 OK 按钮。

当完成本实验后，能够学习到：①在设计中添加 VIO 核；②使用 VIO 核为设计添加激励并监控响应；③在 Vivado 中添加 ILA 核；④使用硬件分析仪执行硬件调试；⑤使用 SDK 执行软件调试。

第7章 外设模块结构和功能

7.1 SD/SDIO 外设控制器

SD/SDIO 外设控制器与安全数字输入/输出(secure digital input/output，SDIO)设备、SD 卡、微型记忆卡(micro-memory card，MMC)可以有多达四条数据线进行通信。SDIO 接口可以通过 MIO 多路复用器到 MIO 引脚或通过 EMIO 选择 I/O 到可编程逻辑(PL)引脚。该控制器可广泛支持 SD 和 SDIO 应用一系列便携式低功耗应用，如 802.11 设备、GPS、WiMAX、UWB 等。SD/SDIO 控制器框图如图 7.1 所示。

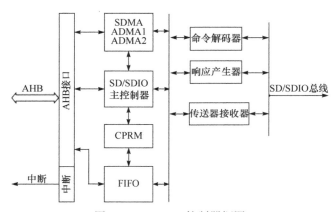

图 7.1 SD/SDIO 控制器框图

SD/SDIO 外设与 SD 主控制器规范 2.0 A2 部分充分兼容，支持 SDMA（单操作 DMA）、ADMA1（4KB 边界限制的 DMA）和 ADMA2（ADMA2 允许数据在任意位置以任何数量进行分散、聚集 DMA）操作。该控制器内核支持在 SD1、SD4 内最多 7 个功能，但是不支持 SPI 模式。它支持 SD 高速（SD high speed，SDHS）和 SD 高容量（SD high capacity，SDHC）卡标准。

SD/SDIO 外设与 ARM 处理器通过高级高性能总线（advanced high-performance bus，AHB）通信。SDIO 设备控制器支持一个内部的 FIFO，以满足吞吐量的要求。

1. SD/SDIO 设备特性

PS 在 IOP 内支持两个 SD/SDIO 设备，两个 SDIO 控制器通过相同的功能集独立控制和操作，其主要特性如下。

1）主机模式控制器

（1）四个 I/O 信号（MIO 或 EMIO）。

（2）命令、时钟、卡检测（card detect，CD）、写保护（write protect，WP）、电源控制（MIO 或 EMIO）。

（3）LED 控制，总线电压（EMIO）。

（4）中断或轮询驱动。

2）AHB 主从接口

（1）直接存储器存取（direct memory access，DMA）传输的主模式（带 1KB FIFO）。

（2）寄存器访问的从属模式。

3）SDIO 规范 2.0

（1）低速，1kHz 至 400kHz。

（2）全速，1MHz 至 50MHz（25MB/s）。

（3）高速大容量存储卡。

2. SD/SDIO 控制器互联结构

SD/SDIO 控制器互联结构如图 7.2 所示。

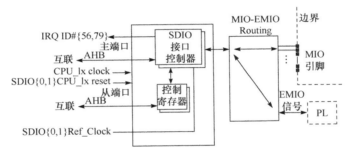

图 7.2　SD/SDIO 互联结构图

3. SD/SDIO 控制器接口信号连接

Zynq-7000 SoC 提供 2 个 SD 端口，支持 SD 和 SDIO 设备，SDIO 设备图如图 7.3 所示。

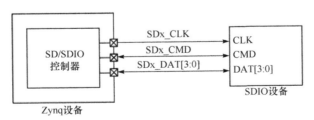

图 7.3　SDIO 设备图

SD/SDIO 控制层支持下面的配置：

（1）SD 存储器。

（2）SDIO 存储器。

一些 SD 卡提供了两个额外的引脚：卡检测和写保护。如图 7.4 所示，当检测到卡或者写保护时，这两个引脚接地。它们需要使用 50kΩ 电阻上拉到 MIO 电压。

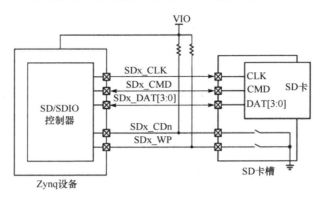

图 7.4 SDIO 卡检测和保护

SDIO 电源引脚 SDx_POW 用于控制给 SDIO 卡槽的供电。根据选择 MIO 组的电压和连接到 SD/SDIO 总线的设备，可能需要使用电平转换器件。

7.2 吉比特以太网控制器

吉比特以太网控制器（gigabit ethernet controller，GEC）实现一个 10/100/1000Mbit/s 的以太网媒体访问控制（media access control，MAC），与 IEEE 802.3-2008 标准兼容，它能在三种速度下工作在半双工或全双工模式。PS 包含两个独立的吉比特以太网控制器，可以单独配置每个控制器。PS 通过 MIO 接口可以访问每个控制器简化的吉比特独立接口（reduced gigabit media independent interface，RGMII）引脚；通过 EMIO 接口，GMII 接口访问 PL 信号，如图 7.5 所示。控制器提供 MDIO 接口，用于管理物理接口（physical interface，PHY）。任何一个 MDIO 接口均可控制 PHY。每个吉比特以太网控制器主要特性如下：

（1）全双工和半双工操作。

（2）使用 MIO 引脚时，RGMII 与外部 PHY 接口连接。

（3）GMII/MII 连接到 PL，允许连接 TBI、SGMII、1000 Base-X 等接口和 RGMII v2.0 支持使用软核（注：SGMII 和 1000 Base-X 接口需要千兆收发器）。

（4）用于物理层管理的 MDIO 接口。

（5）32 位 AHB DMA 主机，32 位 APB 总线，用于控制寄存器访问。

（6）分散-聚集直接存储器存取功能。

（7）在完成接收和发送后、出现错误或者唤醒时产生中断。

（8）在传输帧上自动生成 pad 和循环冗余校验（cyclic redundancy check，CRC）。

（9）自动丢弃接收到的有错误的帧。

（10）可编程帧间间隙（inter packet gap，IPG）拉伸。

（11）全双工流控制，识别传入的暂停帧和硬件生成传输的暂停帧。

（12）与 IEEE 802.3-2008 标准兼容，支持 10/100/1000Mbit/s 传输速率。

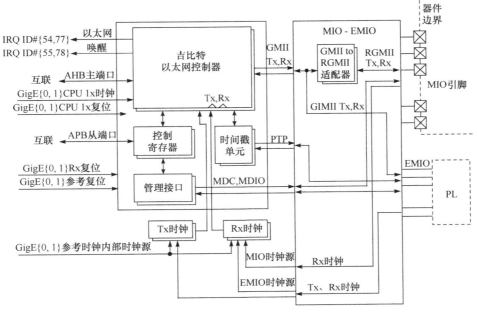

图 7.5　以太网控制器整体结构图

1. 以太网控制器接口及功能

以太网控制器结构如图 7.6 所示，主要包含如下模块。
（1）MAC 控制发送、接收、地址过滤和环路。
（2）控制和状态寄存器、统计寄存器和同步逻辑。
（3）DMA 控制 DMA 发送、DMA 接收和 AHB。
（4）时间戳单元（time stamp unit，TSU）用于计算 IEEE 1588 定时器的值。

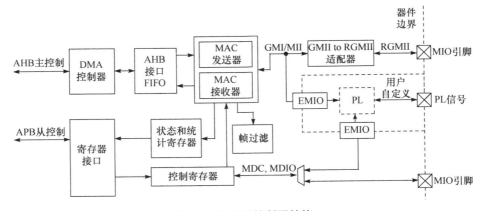

图 7.6　以太网控制器结构

1）MAC 发送器

在半双工模式下，MAC 发送遵循 IEEE 802.3 规范的 CSMA/CD 协议。在 10/100bit/s 模式下，连接到 PHY 的发送数据为 4 位宽度，即 txd[3:0]；在吉比特操作模式下，连接到 PHY 的发送数据为 8 位宽度，即 txd[7:0]。

2）MAC 接收器

在 MAC 接收器内，所有的处理使用 16 位的数据通道。MAC 检查有效的头部、帧校验序列（frame check sequence, FCS）、对齐和长度。然后将接收到的帧发送到接收 FIFO（DMA 控制器或外部 IP 核中的一个）。并且保存帧的目的地址，以便地址检查模块使用。

3）帧过滤

MAC 过滤器用于确定将帧写到 AHB 接口 FIFO 还是 DMA 控制器。

4）DMA 模块

DMA 控制器连接到 FIFO，用于提供分散-聚集类型的能力，它用于在一个嵌入式处理系统中保存数据包。以太网控制器 DMA 缓冲区结构如图 7.7 所示。

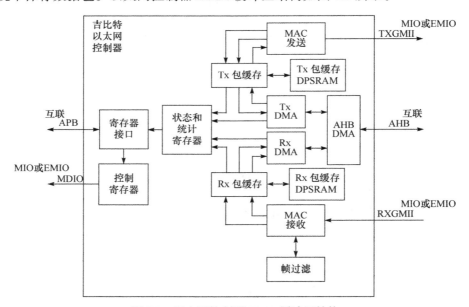

图 7.7　以太网控制器 DMA 缓冲区结构

2. 吉比特以太网控制器接口信号连接

通过 EMIO 接口将 GMII 信号连接到 PL，就可以支持更多的外部接口标准连接。用户可以设计以及将逻辑连接在 PL 引脚上，用来生成其他接口。

通过将 GMII 连接到 PL 内的十位接口（ten-bit interface, TBI）兼容逻辑核，该逻辑核提供了物理编码子层（physical coding sublayer, PCS）的功能。该功能要求通过 PL 引脚提供连接到外部 PHY 的 10 比特位接口。通过将 GMII 连接到 SGMII 或 1000Base-X 兼容的逻辑核，提供对 SGMII 或 1000Base-X 的支持。这个兼容的逻辑核提供了要求的 PCS 功能和适配信号。

1）通过 MIO 的 RGMII 接口

通过 MIO 的 RGMII 接口连接如图 7.8 所示。通过 MIO 组 1 的 MIO，连接以太网所有的 1/O 引脚。

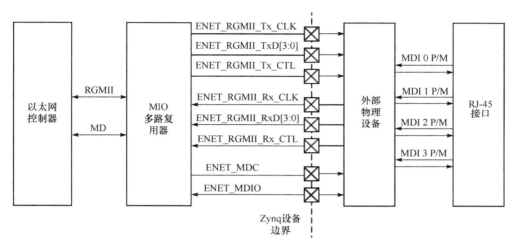

图 7.8　通过 MIO 的 RGMII 接口连接

2）通过 EMIO 的 GMII/MII 接口

通过 EMIO 到 PL 的引脚连接 GMII 的接口，如图 7.9 所示。

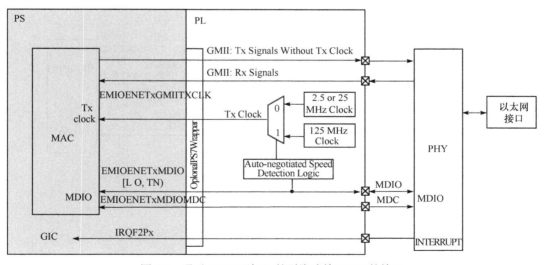

图 7.9　通过 EMIO 到 PL 的引脚连接 GMII 的接口

7.3　UART 控制器

通用异步收发器（universal asynchronous receiver/transmitter，UART）是一种通用串行数据总线，用于异步通信，是一个全双工的异步接收和发送器。Zynq 的 UART 模块支持宽范围的波特率和数据格式，它也提供自动生成奇偶校验和检测错误的方案。此外，该控制器为应用处理单元（APU）提供了接收和发送 FIFO 数据的功能。在嵌入式系统设计中，UART 用作主机与辅助设备或 PC 通信，包括监控调试器和其他器件等。

如图 7.10 所示，UART 的结构分为独立的接收器和发送器数据通道。该数据通道包括 64 个字节 FIFO 数据。波特率产生器模块用于控制这些数据通道的操作。

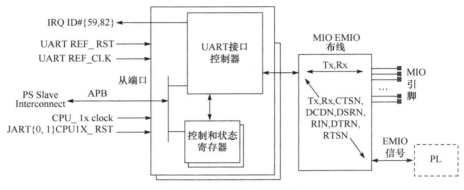

图 7.10　UART 系统结构

如图 7.11 所示 UART 控制结构图，通过使用控制逻辑模块，配置操作模式。通过中断控制模块，指示 UART 当前的状态。当前模式也用于控制模式开关模块，该模块用于选择可用的不同环路模式。

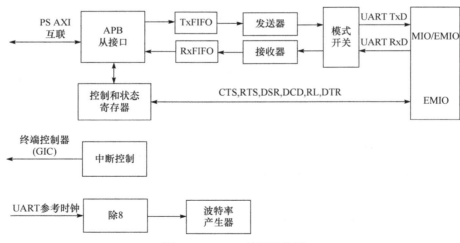

图 7.11　UART 控制结构图

通过 APB 接口和字节操作，将要发送的数据从 APU 写入 TxFIFO 中。

当 TxFIFO 包含足够的发送数据时，发送器模块从 TxFIFO 中取出数据，然后将其串行化，送到发送器串行输出。

接收器模块将接收到的串行数据转换成并行数据，然后写入 RxFIFO 中。RxFIFO 模块的填充级用于触发连接到 APU 的中断。通过 APB 接口及单字节或双字节读操作，APU 从 RxFIFO 中取出数据。

UART 用于类似调制器的应用中时，调制解调器控制模块检测和生成合适的调制解调器握手信号。同时，也根据握手协议控制接收器和发送器通路。

PS 的输入/输出外围设备（input/output peripheral，IOP）内支持两个独立的 UART 器件，其特性如下。

（1）可编程波特率产生器。

（2）64 字节 RxFIFO 和 TxFIFO。

（3）可编程协议如下：①6、7 或 8 数据位；②1、1.5 或 2 停止位；③奇数、偶数、空格、标记或无奇偶校验。

（4）奇偶校验、成帧和溢出错误检测。

（5）产生中断。

（6）RxD 和 TxD 模式：支持自动回应、本地环路和远程环路通道模式。

（7）在 EIMO 接口上，可以使用 CTS、RTS、DSR、DTR、RI 和 DCD 调制解调器控制信号。

UART 组成如下。

1. APB 接口

通过 APB 接口，可以操作 UART 控制器的内部寄存器。

2. 控制和状态寄存器

（1）控制寄存器用于使能或禁止接收器和发送器模块。此外，启动接收器超时周期和控制发送器断开逻辑。

（2）模式寄存器通过波特率产生器选择时钟。它也负责选择发送和所接收数据的位的长度、奇偶校验位和停止位。此外，还选择 UART 的工作模式，自动回应、本地环路或者远地环路等。

3. TxFIFO

TxFIFO 用于保存来自 APB 接口的写数据，直到发送器模块将其取出并送到发送移位寄存器中。通过满和空标志，控制 TxFIFO 发送流量。此外，可以设置 TxFIFO 填充级。

4. RxFIFO

RxFIFO 用于保存来自接收移位寄存器的数据。RxFIFO 的满空标志用于控制接收流量。此外，还可以设置 RxFIFO 的填充级。

5. 发送器

发送器取出 TxFIFO 中的数据，并将其加载到发送移位寄存器中，将并行数据进行串行化处理。

6. 接收器

UART 连续采样 UART Rx 信号。当检测到低电平变化时，表示接收数据开始。此外，接收器会发送奇偶错误、帧错误（没有接收到有效的停止位）、溢出错误（RxFIFO 或 TxFIFO 满）和超时错误信息。

7. 模式开关

模式开关用于在外部发送和接收信号之间，以及 UART 剩余部分提供一个接口。通过模式寄存器，该模块用来实现模式选择。可以选择的模式包括普通模式、自动回应模式、本地环路或远程环路。

8. 中断控制

通过通道中断状态寄存器和通道状态寄存器，中断控制模块检测来自其他 UART 模块的事件。

通过使用中断使能寄存器和中断禁止寄存器，使能或者禁止中断。中断使能或者禁止的状态反映在中断屏蔽寄存器中。

9. 波特率产生器

图 7.12 给出了波特率产生器的原理。图中 CD 是波特率产生器的一个位域，用于生成采样时钟。

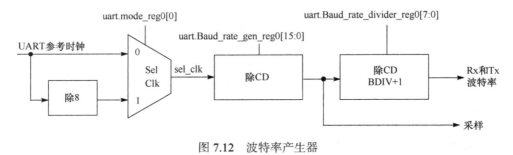

图 7.12　波特率产生器

7.4　I2C 控制器

7.4.1　I2C 概述

有的文献将集成电路互联（inter-integrated circuit，I2C）总线缩写为 I^2C 或者 IIC，本书使用 I2C。I2C 模块是一个总线控制器。在多主设计中，PC 控制器可以作为一个主设备或从设备。它支持宽范围的时钟频率，其范围从 DC 到 400Kbit/s。

如图 7.13 所示，在主模式下，处理器初始化一个传输，使其只能由处理器将从地址写入 I2C 地址寄存器。通过数据中断或传输完成中断，通知处理器接收到可用的数据。若设置了 HOLD 位，则当发送数据后，将 SCL 信号线拉低，用于支持低速的处理器服务。主机可编程为使用普通（7 位）地址和扩展（10 位）地址模式。

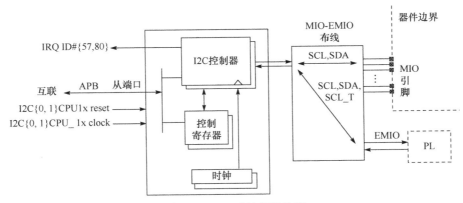

图 7.13　I2C 系统级结构图

在从监控模式下，设置 I2C 接口为主模式。并且，尝试与一个特殊从设备的传输，直到从设备使用确认字符（acknowledge character，ACK）响应。

可以设置 HOLD 位，以阻止主设备连续传输。这样，可以防止从设备出现溢出的情况。

主模式和从模式之间的一个共同特征是产生超时（TO）中断标志。若 SCL 线被主设备或访问的从设备拉低的时间超过超时寄存器中指定的时间，则产生一个超时（TO）中断，以避免暂停情况。

PS 支持两个独立的 I2C 设备，其主要特性如下：

（1）支持 I2C 总线规范 V2。

（2）支持 16 字节 FIFO 数据。

（3）支持可编程和快速总线数据传输速率。

（4）在主模式下，支持写传输、读传输，扩展地址，HOLD（用于低速处理器服务），以及 TO 中断标志以避免停止条件。

（5）支持从监控模式。

（6）在从模式下，支持从发送器、从接收器，完全可编程从响应地址，支持 HOLD 以防止溢出情况，支持 TO 中断标志以避免停止条件。

（7）当作为中断驱动的设备时，软件能轮询状态或函数。

（8）支持可编程生成中断。

7.4.2　I2C 控制器的功能

I2C 控制器结构如图 7.14 所示，I2C 控制器可以工作在主模式、从模式和多主模式下。

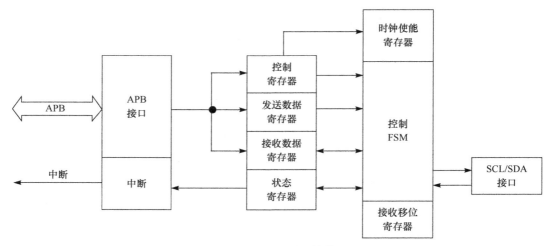

图 7.14　I2C 控制器结构图

1. I2C 控制器的主模式

在该模式下，只能通过 APB 主设备初始化一个 I2C 传输，此时有两种传输模式：写传输（主传输模式）和读传输（主接收模式）。

1）写传输

为了完成写传输，主机需要执行以下步骤：

（1）写控制寄存器，设置 SCL 的速度和地址模式。

（2）在控制寄存器中设置 MS、ENACK 和 CLR_FIFO 比特，清除 RW 比特。

（3）如果需要，设置 HOLD 位，否则将数据的第一个字节写到 I2C 数据寄存器中。

（4）将从设备地址写到 I2C 地址寄存器中，以初始化 I2C 传输。

（5）通过写 I2C 数据寄存器，将剩余的数据连续发送到从设备中。每次主机写入 I2C 数据寄存器时，数据被压入 FIFO。

（6）当成功发送所有数据后，在中断状态寄存器中设置 COMP。当在 FIFO 中只有两个字节用于发送时，产生一个数据中断。

若没有设置 HOLD 位，则当传输完数据后，PC 接口产生一个 STOP 条件，终止传输。若设置 HOLD 位，则当传输完数据后，I2C 接口将 SCL 线拉低。通过一个传输完成中断，通知主设备这个事件。并且，清除状态寄存器中的 TXDV 比特位。此时，主设备有三种处理方式：

（1）清除 HOLD 位，这将使得 I2C 接口产生一个 STOP 条件。

（2）通过写 I2C 地址寄存器，提供更多的数据，这使得 I2C 接口继续将数据写到从设备。

（3）执行组合的格式传输。通过首次写控制寄存器实现这个传输。若需要，则改传输方向或地址模式。之后，主机必须写 I2C 地址寄存器。这样，I2C 接口产生 RESTART 条件。

2）读传输

为了完成读传输，需要执行以下步骤：

（1）写控制寄存器，设置 SCL 速度和地址模式。

（2）在控制寄存器中设置 MS、ENACK 和 CLR_FIFO 位，清除 RW 比特。

（3）如果在接收到数据后，主机想保持总线，必须设置 HOLD 位。

（4）将请求的字节数写入传输个数寄存器（存放字节个数的寄存器）。

（5）在 I2C 地址寄存器中写从设备地址，这将初始化 I2C 传输。

主机将通过两种方式通知任何可用的接收数据：

（1）若未完成的传输数据大小等于或大于 FIFO 的 2，则数据中断为当 FIFO 中有两个可用位置时生成（数据位设置）。

（2）若未完成的传输数据大小小于 FIFO 的 2，则会生成传输完成中断（COMP bit set）。

在这两种情况下，状态寄存器中的 RXDV 位置位。

当接收到最后一个期望的字节后，I2C 接口自动返回 NACK。并且，通过产生 STOP 条件终止传输。若在一个主设备读传输期间设置 HOLD 位，则 I2C 接口将 SCL 线驱动为低。

2. I2C 控制器从监控模式

在从监控模式下，I2C 接口设置为主设备。主设备必须在控制寄存器中，设置 MS 和 SLVMON 位，清除 RW 位。它必须初始化从监控暂停寄存器（slave monitor pause）。

当主设备写 I2C 地址寄存器时，主设备尝试向一个特定的从设备传输数据。当从设备接收到地址时，从设备返回 NACK。主设备等待从监控暂停寄存器中设置的时间间隔后，尝试再次寻址从设备。主设备继续这个周期，直到从设备使用 ACK 响应它的地址或主设备清除控制寄存器内的 SLVMON 位。若寻址的从设备使用 ACK 响应，则 I2C 接口通过产生一个 STOP 条件终止传输和产生一个 SLV_RDY 中断。

3. I2C 控制器的从模式

通过清除控制寄存器中的 MS 位，将 I2C 控制器设置为从模式。必须通过写 I2C 地址寄存器，给 I2C 从设备分配一个唯一的识别地址。当处于从模式时，I2C 接口工作在从发送器或从接收器模式。I2C 接口最多支持 7 位地址位，不支持超过 7 位的扩展地址。

1）从发送器

当从设备识别出由主设备发送的从设备地址，并且最后一个地址字节的 B/W 域为高时，从设备变成一个发送器。这就意味着要求从设备将数据放到 I2C 总线上，并通过一个中断通知主设备。同时，在 I2C 主设备开始采样 SDA 线前，SCL 线保持低。这样，允许主设备给 I2C 从设备提供数据。通过 DATA 中断标志，通知主设备这个事件。

2）从接收器

当从设备识别出由主设备发送的整个从设备地址，并且第一个地址字节的 R/W 域为高时，从设备变成接收器。这就意味着主设备将要在 I2C 总线上发送一个或多个数据字节。当在 FIFO 中只有两个空位置时，产生一个中断，并且设置 DATA 中断标志。当 I2C 从设备响应一个字节后，在状态寄存器中设置 RXDV 位，表示接收到新的数据。通过 I2C 数据寄存器，主设备读取接收到的数据。

当 I2C 主设备产生一个 STOP 条件时，产生一个中断。并且，设置 COMP 中断标志。传输大小寄存器保存着需要传输的字节个数。每当读取一次 I2C 数据寄存器，这个数字就递减。

若设置 HOLD 位，则 I2C 接口将 SCL 线拉低，直到主机清除用于数据接收的资源。这可以阻止主机连续地传输，引起从设备的溢出条件。

4. I2C 控制器的多主模式

在 I2C 多主模式下，Zynq-7000 SoC 器件作为一个主设备，和其他主设备一起共享总线。在该模式下，I2C 时钟由作为主设备的设备驱动。

7.5　Zynq-7000 SoC 内置 XADC 原理及实现

本节首先介绍 XADC 结构、XADC 工作模式、PL 或 CPU 与 XADC 模块进行数据交互的方法，XADC 模块内部具有许多控制与状态寄存器，PL 或 CPU 通过数据交互通路对寄存器进行读写控制实现对 XADC 模块的配置，最后给出基于 Vivado SDK 工具组对 XADC 进行开发的应用实例。

7.5.1　XADC 结构

如图 7.15 所示，在 PS 内，存在 ADC 接口，允许 CPU 和其他主设备访问 XADC（不需要 PL 配置）。XADC 提供了充分的 ADC 功能，其采样率最大为 1MSPS，分辨率最高为 12 位。XADC 可以用于测量电压和温度。通过专用的串行接口，PS 与 XADC 模块通信。该串行接口将来自 PS 的命令串行化，并将其发送到 PL。同时，接口模块也将来自 PL 的串行数据转换为 32 位的量化数据，并通过 APB 接口将其提供给 PS 主设备。在 XADC 模块中，命令 FIFO 和读数据 FIFO 用于提供命令和数据缓冲。

Xilinx 所有 7 系列的器件（Artix、Kintex、Virtex 及 Zynq-7000 AP SoC）均具有 XADC 模块，外部逻辑资源或 CPU 可通过 PS-XADC 或 AXI+DPR 接口访问模块内部的状态及控制寄存器，XADC 模块在系统中的位置如图 7.16 所示。

XADC 模块由两个 ADC、一个多路复用器及片内传感器（温度传感器、电压传感器）共同组成。每个 ADC 具有 12 位精度，其最大采样能力为 1MSPS，且各自具有独立的采样保持电路，采样保持电路支持多种不同的电压输入形式，如单极性、双极性与差分形式，多路复用器最多支持 17 个采样通路，片内温度及电压传感器可用于监控片内温度及供电电压。XADC 模块的具体内部结构如图 7.17 所示。

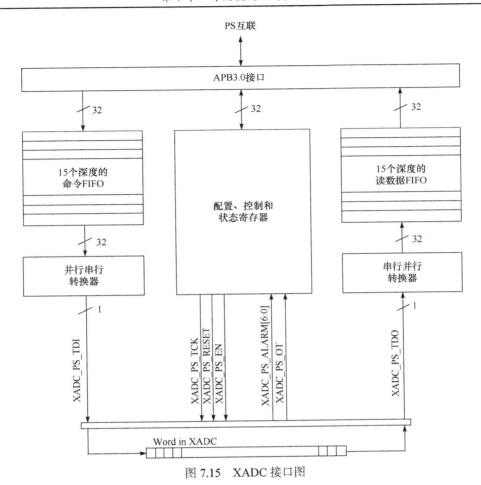

图 7.15 XADC 接口图

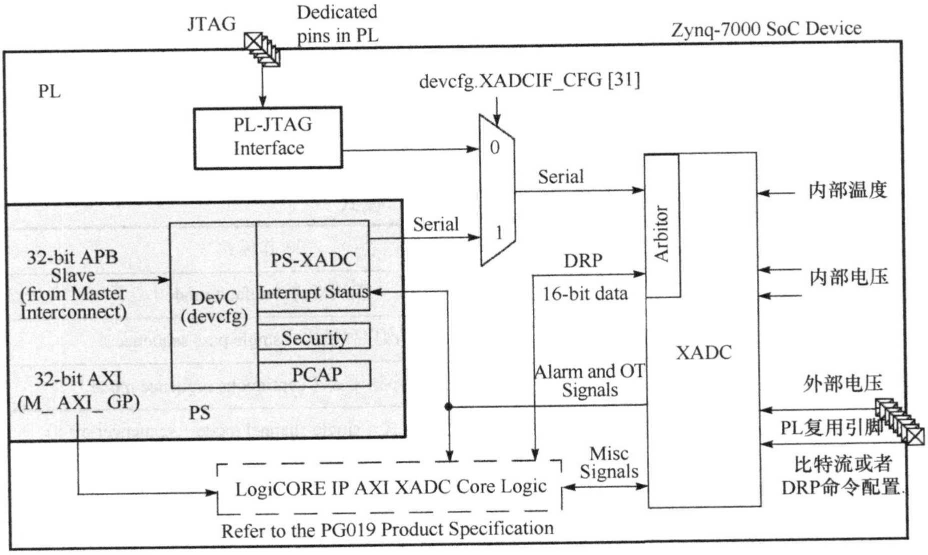

图 7.16 XADC 系统结构图

　　正如所有 ADC 一样，XADC 模块也需要参考电压，参考电压可由芯片内部提供，也可由外部提供。当 XADC 模块仅用于监视片内温度及电压时，由于需要的精度不高，为减少外部器件数量，可使用内部参考电压，但如果真正要达到 12 位有效采样精度，建议使用外部稳压芯片提供 1.25V 参考电压。

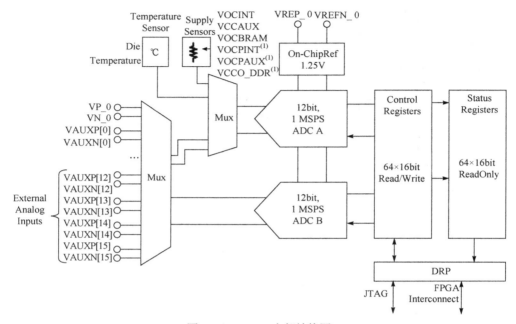

图 7.17　XADC 内部结构图

　　XADC 模块可对片内温度及供电电压进行监视，当温度超过寄存器中设置的阈值或电压超过允许范围时，可产生报警输出信号触发中断。

7.5.2　XADC 工作模式

　　XADC 模块具有多种工作模式，可通过 41h 控制寄存器中的 SEQ3～SEQ0 位，如表 7.1 所示。

表 7.1　XADC 工作模式

SEQ3	SEQ2	SEQ1	SEQ0	工作模式
0	0	0	0	默认模式（default mode）
0	0	0	1	单次序列模式（single pass sequence）
0	0	1	0	连续序列模式（continuous sequence mode）
0	0	1	1	单通道模式（single channel mode（sequencer off））
0	1	×	×	同步采样模式（simultaneous sampling mode）
1	0	×	×	独立 ADC 模式（independent ADC mode）
1	1	×	×	默认模式（default mode）

1. 单通道模式

将 XADC 模块配置成单通道模式，通过 41h 将控制寄存器中的 SEQ3～SEQ0 设置成 0011b。该模式下每次转换过程都需要手动选择转换通道，仅适用于采样频率不高的场合。

2. 自动序列模式

自动序列模式并不是 XADC 模块的一个具体工作模式，而是一个统称，可以简单地认为只要转换过程使用了序列发生器，都可以称为自动序列模式。自动序列模式包含默认模式、单次序列模式、连续序列模式、同步采样模式及独立 ADC 模式。

1）默认模式

XADC 模块在默认模式下使用固定的采样序列对片内电压及温度进行监视，并将转换结果存放在相应的状态寄存器中。表 7.2 给出了默认模式下的转换序列。默认模式下片内两个 A/D 转换单元均使用校正功能及采样平均功能，采样平均数为 16。

表 7.2　转换通道选择及转换通道转换结果

转换次序	转换通道	转换结果存放地址
1	校正功能	08h
2	VCCPINT	0Dh
3	VCCPAUX	0Eh
4	VCCO_DDR	0Fh
5	温度	00h
6	VCCINT	01h
7	VCCAUX	02h
8	VCCBRAM	06h

2）单次序列模式

单次序列模式下序列发生器的功能由 48h～4Fh 寄存器进行控制，通过将 SEQ3～SEQ0 配置成 0001b 即可启动转换过程，当序列发生器完成最后一次采样后将停止，XADC 模块自动进入单通道采样模式，开始对控制寄存器 40h 中的 CH5～CH0 定义的采样通道进行采样。

3）连续序列模式

连续序列模式与单次序列模式基本相同，但连续序列模式在序列发生器完成一轮采样后不是停止而是开始新一轮采样，如此往复不间断地进行采样。采样过程中如果需要对采样通道进行调整，首先要将其切换到默认模式下，配置完成后再次将其切换到连续序列模式。

4）同步采样模式

同步采样模式下，16 路模拟量辅助输入通路 VAUXP/N[15～0]通过寄存器 49h 分为两组，如表 7.3 所示。为了保证每组中的两个通道同时采样，片内转换单元 ADCA 用于对 VAUXP/N[7～0]进行采样，ADCB 用于对 VAUXP/N[15～8]进行采样。该模式适用于对采样通路时间间隔要求严格的场合。

表 7.3　49h 所示的转换通道选择转换次序

转换次序	控制位	XADC 模块的通道	描述
1	0	16，24	VAUXP/N[0]，VAUXP/N[8]
2	1	17，25	VAUXP/N[1]，VAUXP/N[9]
3	2	18，26	VAUXP/N[2]，VAUXP/N[10]
4	3	19，27	VAUXP/N[3]，VAUXP/N[11]
5	4	20，28	VAUXP/N[4]，VAUXP/N[12]
6	5	21，29	VAUXP/N[5]，VAUXP/N[13]
7	6	22，30	VAUXP/N[6]，VAUXP/N[14]
8	7	23，31	VAUXP/N[7]，VAUXP/N[15]
—	9～15	—	—

5）独立 ADC 模式

该模式下，ADCA 转换单元仅用于对片内电压及温度进行监视，其功能类似于默认工作模式，但所有报警信号均被使能，用户需要正确配置报警阈值寄存器。ADCB 转换单元仅能对外部模拟量输入通道进行转换，片内电压及温度监视无法通过 ADCB 进行转换。由于 ADCA 的转换通道已经默认配置完成，用户仅能通过 48h 与 49h 对 ADCB 的转换通道进行配置，如表 7.4 和表 7.5 所示。

表 7.4　48h 所示的转换通路选择转换次序

转换次序	控制位	XADC 模块的通道	描述
—	0～10	—	—
1	11	3	VP/VN
—	12～15	—	无效的转化通道

表 7.5　49h 所示的转换通路选择转换次序

转换次序	控制位	XADC 模块的通道	描述
2	0	16	VAUXP/N[0]
3	1	17	VAUXP/N[1]
...	...	...	...
16	14	30	VAUXP/N[14]
17	15	31	VAUXP/N[15]

7.5.3　XADC IP 核结构

XADC IP 核的内部结构如图 7.18 所示。XADC IP 核由三个主要模块构成，即 AXI-Lite 接口模块、XADC 核逻辑、XADC 硬核宏。

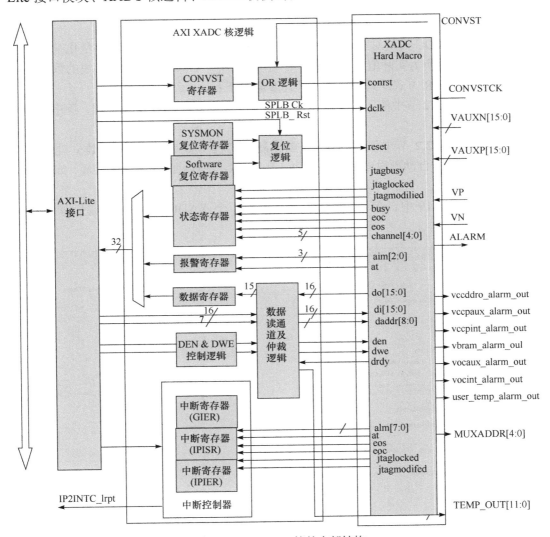

图 7.18　XADC IP 核的内部结构

XADC IP 核接口信号如下。

（1）VAUXP[15:0]：差分模拟输入的正端。

（2）VAUXN[15:0]：差分模拟输入的负端。

（3）CONVST：转换开始信号输入端口，用于控制采样的时刻，该信号只用于事件驱动的采样模式。

（4）ALARM[7:0]：XADC 报警输出信号。

（5）MUXADDR[4:0]：XADC 外部多路复用器的地址输出。

（6）TEMP_OUT[11:0]：用于 12 位数字量温度输出，应该连接到 xade_device temp_i 引脚。

注：对于不同的 Zynq-7000 SoC，它们支持的差分模拟通道数并不相同。

7.5.4 XADC 应用实例

本节使用 XADC 模块对 Zynq-7000 SoC 片内电压及温度进行采样，将量化结果传送到 PS 侧，将其转换为实际值，并在串口终端输出结果。CPU 与 XADC 模块的数据交互方式使用 AXI+DPR 方式。具体实验流程与步骤如下：

（1）按照 2.2.2 节中使用 Vivado 创建硬件工程步骤 1 创建一个新工程，新建工程命名为 pynq_xadc。

（2）按照 2.2.2 节中使用 Vivado 创建硬件工程步骤 2 使用 IP 核建立处理器内核，操作到图 2.16 自动预设电路配置界面，单击 OK 按钮返回 IP 核设计界面，如图 7.19 所示。

（3）在图 7.19 中，单击 "+" 按钮，添加 1 个 XADC IP 核，完成后如图 7.20 所示。

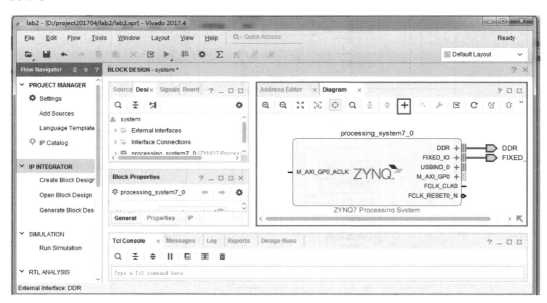

图 7.19　Vivado 的 IP 核设计界面

（4）在图 7.20 中，双击 xadc_wiz_0 打开配置界面，对 XADC 模块本身进行配置，如图 7.21 所示。在 Basic 标签 Interface Options 下选中 AXI4Lite，此外还可以对 Timing Mode、DRP Timing Options 选项进行配置。Startup Channel Selection 下要选中 Channel Sequencer 选项。另外 ADC Setup、Alarms 及 Channel Sequencer 标签提供了众多配置选项，这些界面提供了对内部寄存器进行操作的个性化界面，以方便用户进行操作，用户可以直接在此界面进行配置，也可以之后使用编程语言对其进行配置。

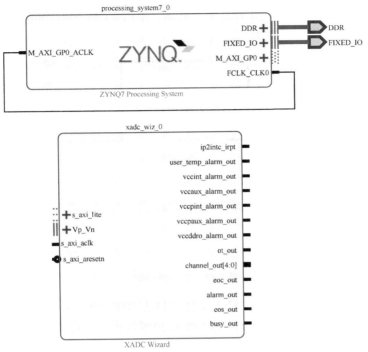

图 7.20　添加 1 个 XADC IP 核后的界面

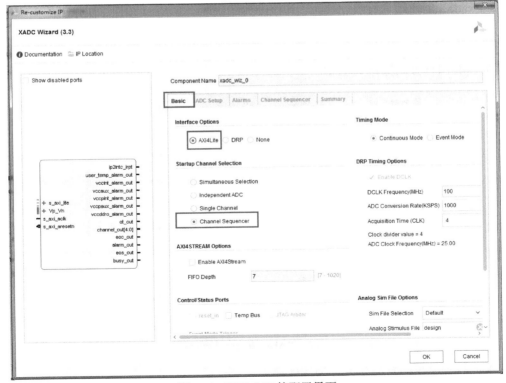

图 7.21　XADC IP 核配置界面

（5）配置完成后，返回如图 7.20 所示界面，单击 Run Connection Automation，最后各个模块连接起来如图 7.22 所示。

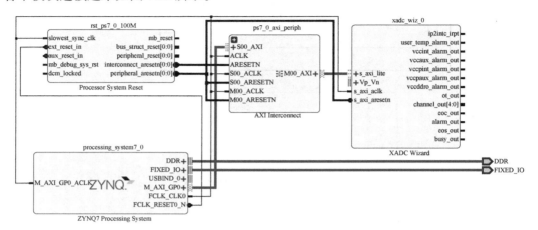

图 7.22　系统结构图

（6）按照 2.2.2 节步骤 3 产生输出文件和封装 HDL 顶层文件，然后生成比特流文件。接着选择 File→Export→Export Hardware 输出硬件设计，再选择 File→Launch SDK，启动 SDK，进行软件开发。

（7）在 SDK 开发界面中，选择 File→New→Application Project，在"Project name："中填写 xadc，创建新的板级支持包，其他设为默认，单击 Next 按钮，在弹出的工程模板界面选择 Empty Application，单击 Finish 按钮完成工程的建立。

（8）在 SDK 开发界面，单击左侧板级支持包文件"system.mss"，打开如图 7.23 所示界面，有两种方式操作 XADC。

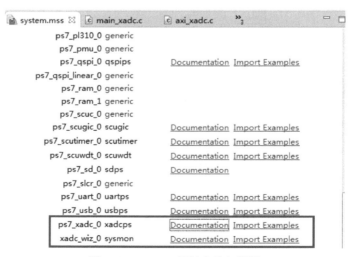

图 7.23　XADC 板级支持包资源

下面分别给出两种操作方式的软件代码。

xadcps 方式的软件代码如下：

```
1.   #include <stdio.h>
2.   #include "xil_printf.h"
3.   #include "xadcps.h"
4.   #include "sleep.h"
5.   #include "xscugic.h"
6.   #define ADC_DEVICE_ID    XPAR_PS7_XADC_0_DEVICE_ID
7.   XAdcPs XAdc ;
8.   int main ( )
9.   {
10.    u16 raw_data ;
11.    float Temp ;
12.    float vccint ;
13.    float vccaux ;
14.    float vccbram ;
15.    float vccpint ;
16.    float vccpaux ;
17.    float vccpdro ;
18.    XAdcPs_Config *Config ;
19.    int Status ;
20.    Config = XAdcPs_LookupConfig ( ADC_DEVICE_ID ) ;
21.    Status = XAdcPs_CfgInitialize( &XAdc, Config, Config->BaseAddress ) ;
22.    if ( Status != XST_SUCCESS )
23.       return XST_FAILURE ;
24.     Status = XAdcPs_SelfTest ( &XAdc ) ;
25.     if ( Status != XST_SUCCESS )
26.       return XST_FAILURE ;
27.    XAdcPs_SetSequencerMode ( &XAdc,XADCPS_SEQ_MODE_SINGCHAN ) ;
28.    XAdcPs_SetAlarmEnables ( &XAdc, 0x0 ) ;
29.    XAdcPs_SetSeqInputMode ( &XAdc, XADCPS_SEQ_MODE_SAFE ) ;
30.    XAdcPs_SetSeqChEnables ( &XAdc,
31.                            XADCPS_CH_TEMP|
32.                            XADCPS_CH_VCCINT|
33.                            XADCPS_CH_VCCAUX|
34.                            XADCPS_CH_VBRAM|
35.                            XADCPS_CH_VCCPINT|
36.                            XADCPS_CH_VCCPAUX|
37.                            XADCPS_CH_VCCPDRO ) ;
38.    while ( 1 )
39.     {
40.         raw_data = XAdcPs_GetAdcData ( &XAdc, XADCPS_CH_TEMP ) ;
41.         Temp = XAdcPs_RawToTemperature ( raw_data ) ;
42.         raw_data = XAdcPs_GetAdcData ( &XAdc, XADCPS_CH_VCCINT ) ;
43.         vccint = XAdcPs_RawToVoltage ( raw_data ) ;
44.         raw_data = XAdcPs_GetAdcData ( &XAdc, XADCPS_CH_VCCAUX ) ;
45.         vccaux = XAdcPs_RawToVoltage ( raw_data ) ;
46.         raw_data = XAdcPs_GetAdcData ( &XAdc, XADCPS_CH_VBRAM ) ;
47.         vccbram = XAdcPs_RawToVoltage ( raw_data ) ;
```

```
48.              raw_data = XAdcPs_GetAdcData ( &XAdc, XADCPS_CH_VCCPINT ) ;
49.              vccpint = XAdcPs_RawToVoltage ( raw_data ) ;
50.              raw_data = XAdcPs_GetAdcData ( &XAdc, XADCPS_CH_VCCPAUX ) ;
51.              vccpaux = XAdcPs_RawToVoltage ( raw_data ) ;
52.              raw_data = XAdcPs_GetAdcData ( &XAdc, XADCPS_CH_VCCPDRO ) ;
53.              vccpdro = XAdcPs_RawToVoltage ( raw_data ) ;
54.              printf ( "Temperature : %.2fC\t\nVCCINT : %.2fV\t\n"
55.                "VCCAUX : %.2fV\t\nVBRAM : %.2fV\t\nVCCPINT : %.2fV\t\n"
56.                "VCCPAUX : %.2fV\t\nVCCPDRO : %.2fV\t\n", Temp, vccint,
                    vccaux ,vccbram,vccpint, vccpaux,vccpdro ) ;
57.              sleep ( 100 ) ;
58.          }
59.  }
```

思考：参考图 7.24 API 函数文档，分析上面代码实现的功能。

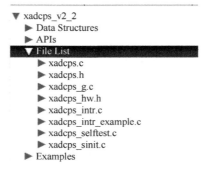

图 7.24　XADCPS 文档资源

xsysmon 方式的软件代码如下：

```
1.     #include <stdio.h>
2.     #include "xil_printf.h"
3.     #include "xsysmon.h"
4.     #include "sleep.h"
5.     #include "xparameters.h"
6.     #define ADC_DEVICE_ID      XPAR_SYSMON_0_DEVICE_ID
7.     XSysMon SysMon ;
8.     int main ( )
9.     {
10.      u16 raw_data ;
11.      float Temp ;
12.      float vccint ;
13.      float vccaux ;
14.      float vccbram ;
15.      float vccpint ;
16.      float vccpaux ;
17.      float vccpdro ;
18.      float vccsound ;
```

```
19.      float vcclight ;
20.      XSysMon_Config *Config ;
21.      int Status ;
22.      xil_printf ( "-- Start of the Program --\r\n" ) ;
23.      Config = XSysMon_LookupConfig ( ADC_DEVICE_ID ) ;
24.      Status = XSysMon_CfgInitialize(&SysMon, Config, Config->BaseAddress ) ;
25. if ( Status != XST_SUCCESS )
26.          return XST_FAILURE ;
27. while ( 1 )
28.  {
29.      raw_data = XSysMon_GetAdcData ( &SysMon, XSM_CH_TEMP ) ;
30.      Temp = XSysMon_RawToTemperature ( raw_data ) ;
31.      raw_data = XSysMon_GetAdcData ( &SysMon, XSM_CH_VCCINT ) ;
32.      vccint = XSysMon_RawToVoltage ( raw_data ) ;
33.      raw_data = XSysMon_GetAdcData ( &SysMon, XSM_CH_VCCAUX ) ;
34.      vccaux = XSysMon_RawToVoltage ( raw_data ) ;
35.      raw_data = XSysMon_GetAdcData ( &SysMon, XSM_CH_VBRAM ) ;
36.      vccbram = XSysMon_RawToVoltage ( raw_data ) ;
37.      raw_data = XSysMon_GetAdcData ( &SysMon, XSM_CH_VCCPINT ) ;
38.      vccpint = XSysMon_RawToVoltage ( raw_data ) ;
39.      raw_data = XSysMon_GetAdcData ( &SysMon, XSM_CH_VCCPAUX ) ;
40.      vccpaux = XSysMon_RawToVoltage ( raw_data ) ;
41.      raw_data = XSysMon_GetAdcData ( &SysMon, XSM_CH_VCCPDRO ) ;
42.      vccpdro = XSysMon_RawToVoltage ( raw_data ) ;
43.      printf ( "Temperature: %.2fC\t\nVCCINT : %.2fV\t\nVCCAUX:%.
         2fV\t\n""VBRAM: %.2fV\t\nVCCPINT: %.2fV\t\n" "VCCPAUX:%.2fV\
         t\nVCCPDRO: %. 2fV\t\n",Temp, vccint, vccaux ,vccbram,vccpint,
         vccpaux,vccpdro ) ;
44.      sleep ( 10 ) ;
45.  }
46. }
```

思考：参考图 7.25 API 函数文档，分析上面代码实现的功能。

图 7.25　xsysmon 文档资源

第 8 章　Linux 操作系统的移植和驱动技术

本章介绍使用 PetaLinux 工具进行嵌入式 Linux 系统移植的方法和步骤，以及嵌入式 Linux 系统下 GPIO 和 I2C 设备驱动程序的设计技术。

8.1　概　　述

PetaLinux 是 Xilinx 公司推出的嵌入式 Linux 开发工具，专门针对 Xilinx 公司的 FPGA SoC 芯片和开发板，提供在 Xilinx 处理系统上定制、构建和调配嵌入式 Linux 解决方案所需的所有组件。该解决方案提升设计生产力，可与 Xilinx 硬件设计工具配合使用，以简化针对 Zynq-7000 SoC 的 Linux 系统开发。PetaLinux 的安装流程详见 Xilinx UG1144 的 PetaLinux 工具文档。

本章后面的操作需要在计算机中安装如下软件：
（1）VMware-worksation 12；
（2）Ubuntu 16.04.3 LTS 64 位操作系统；
（3）Vivado 2017.4；
（4）PetaLinux-v2017.4；
（5）安装加载网络文件系统（network file system，NFS）服务。

8.2　使用 PetaLinux 工具配置 Linux 系统

本节内容是在搭建好 PetaLinux 环境的基础上，使用 PetaLinux 定制 Linux 系统，本实验要求 Linux 主机在可以连接互联网的情况下才能完成。

8.2.1　准备 Vivado 工程

本节使用 PetaLinux 定制嵌入式 Linux 系统，首先需要把在 Vivado 软件环境下配置好的硬件信息导出，然后使用 PetaLinux 命令根据导出的硬件信息配置 uboot、内核、文件系统等。这里以第 3 章 GPIO 实验为例进行相应配置，此实验的 Vivado 工程名字为 pynq_v2017_ipgpio，配置完成的硬件信息如图 8.1 所示。

在 Vivado 中把工程编译生成 bit 文件，并导出硬件信息，在 Vivado 的工程目录下会有一个"pynq_v2017_ipgpio.sdk"目录，下面有一个"sysem_wrapper.hdf"文件，这个文件就是 PetaLinux 要使用的配置文件。

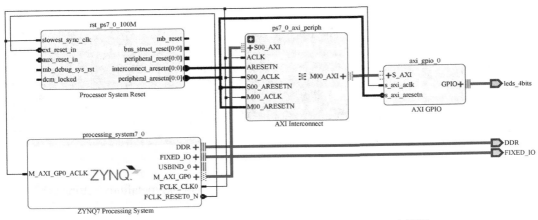

图 8.1　pynq_v2017_ipgpio 工程的 Vivado 实现 GPIO 连线图

8.2.2　建立 PetaLinux 工程

（1）在 Linux 主机中创建工作目录 peta_gpio，并把"pynq_v2017_ipgpio.sdk"目录复制到 Linux 主机中，如图 8.2 所示。

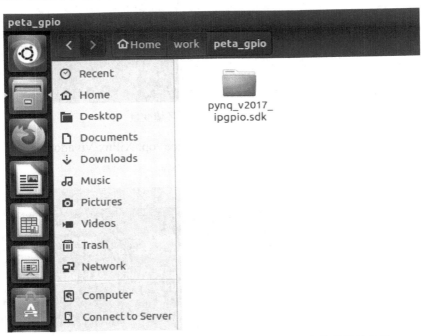

图 8.2　将"pynq_v2017_ipgpio.sdk"复制到 Linux 主机的目录位置

（2）使用 Ctrl+Alt+T 快捷键，打开终端进入工作目录（work\peta_gpio），如图 8.3 所示。

图 8.3　进入 work\peta_gpio 工作目录

（3）设置 PetaLinux 环境变量。运行命令"source /opt/pkg/petalinux/settings.sh"，结果如图 8.4 所示。

图 8.4　设置 PetaLinux 环境变量

（4）设置 Vivado 环境变量。运行命令"source /opt/Xilinx/Vivado/2017.4/settings64.sh"，结果如图 8.5 所示。

图 8.5　设置 Vivado 环境变量

（5）创建 PetaLinux 工程。使用命令"petalinux-create --type project --template zynq --name ax_gpio"创建一个 PetaLinux 工程，工程名为 ax_gpio，PetaLinux 会自动创建一个

名为 ax_gpio 的工程，结果如图 8.6 所示。

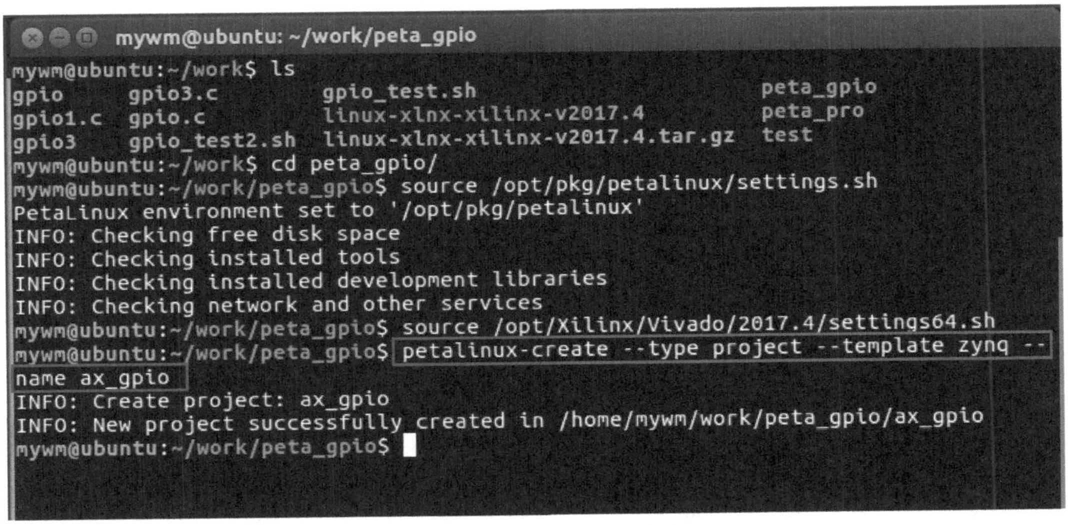

图 8.6　创建 PetaLinux 工程

（6）进入 PetaLinux 工作目录。使用命令"cd ax_gpio"进入刚建立的 ax_gpio 工程目录。

（7）配置 PetaLinux 工程的硬件信息。使用命令"petalinux-config --get-hw-description ../pynq_v2017_ipgpio.sdk"配置 PetaLinux 工程的硬件信息，"../pynq_v2017_ipgpio.sdk"目录是 Vivado 导出的硬件信息，结果如图 8.7 所示。

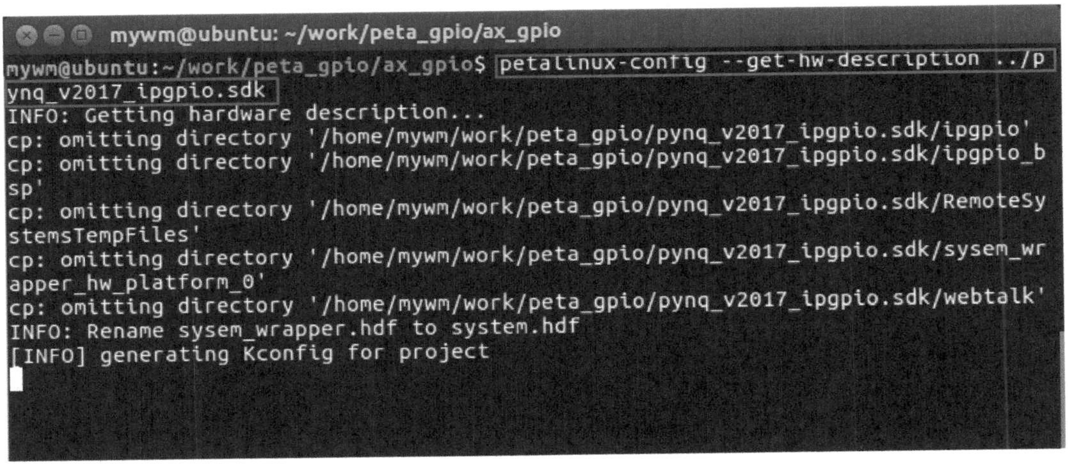

图 8.7　引导进入配置 PetaLinux 工程的硬件信息窗口

接下来弹出一个窗口，如图 8.8 所示，可以在此窗口配置 PetaLinux 工程，如果配置过后想再次配置，可以运行命令"petalinux-config"重新配置。

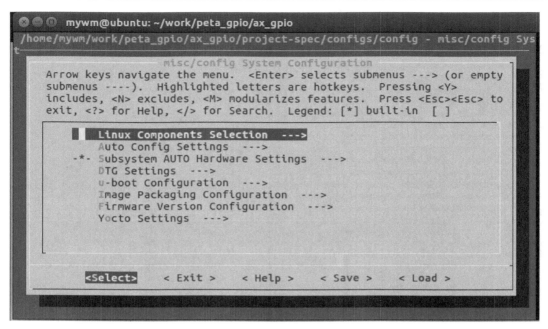

图 8.8　配置 PetaLinux 工程的硬件信息

（8）uboot 和 Linux 内核的来源配置。在选项 Linux Components Selection 中可以配置 uboot 和 Linux 内核的来源，默认是在 github 上进行下载，需要 Linux 主机连接互联网，本次实验保持默认配置，如图 8.9 所示。

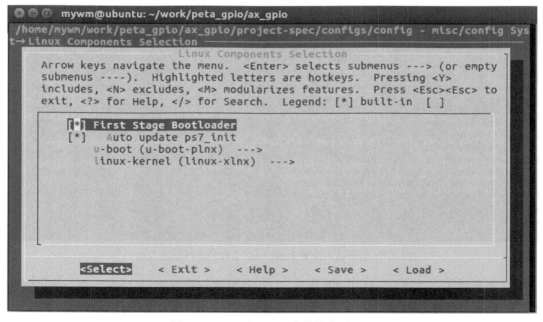

图 8.9　uboot 和 Linux 内核的来源配置

（9）配置外设和启动方式。在选项 Subsystem AUTO Hardware Settings 下可以配置外设和启动方式，如图 8.10 所示，本实验都保持默认模式。

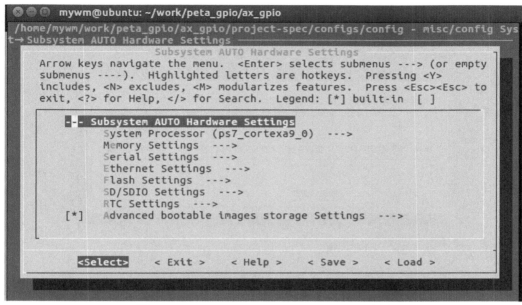

图 8.10　Subsystem AUTO Hardware Settings 配置

（10）配置内核启动方式。在 Advanced bootable images storage Settings 选项中配置启动方式，如图 8.11 所示，默认从 SD 卡启动，本实验从 SD 卡启动，如果需要制作一个从 QSPI flash 启动的嵌入式 Linux，也可以在这里配置。

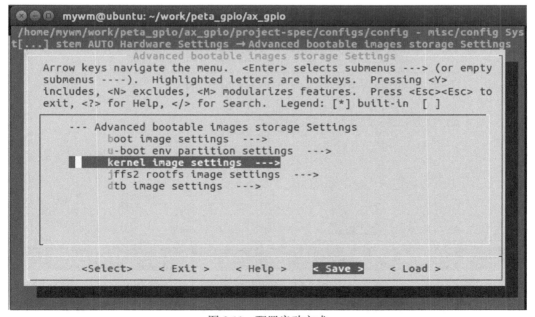

图 8.11　配置启动方式

（11）保存设置。配置完成后保存设置，如图 8.12 所示，本实验基本都是默认设置。

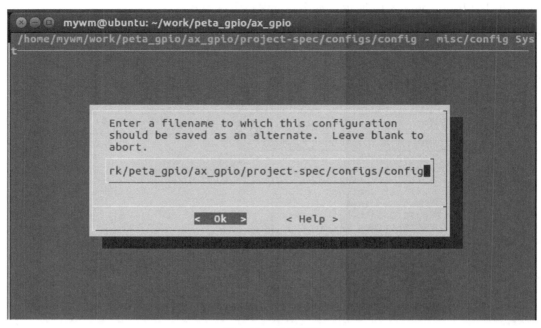

图 8.12　保存设置

（12）退出配置界面。保存设置后退出，如图 8.13 所示。

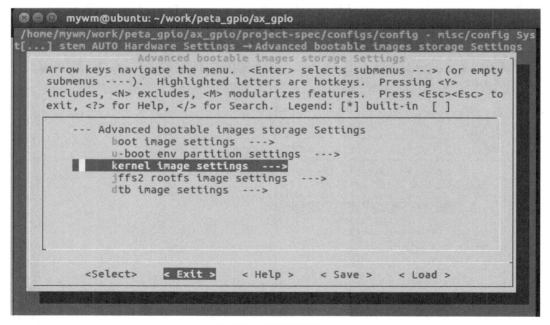

图 8.13　退出配置窗口

（13）等待配置 PetaLinux 工程结束。退出后等待系统配置完成，如图 8.14 所示。

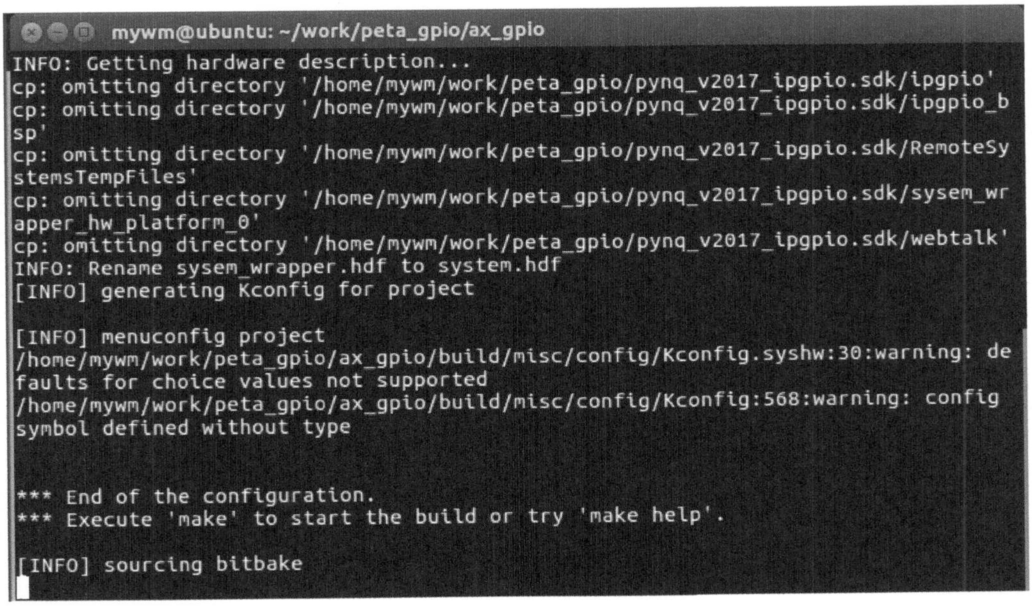

图 8.14　等待配置结束

8.2.3　配置 Linux 内核

1. 启动内核配置命令

使用 "petalinux-config -c kernel" 命令配置内核，启动界面如图 8.15 所示。运行命令后需要等待很长一段时间，才能出现配置界面。

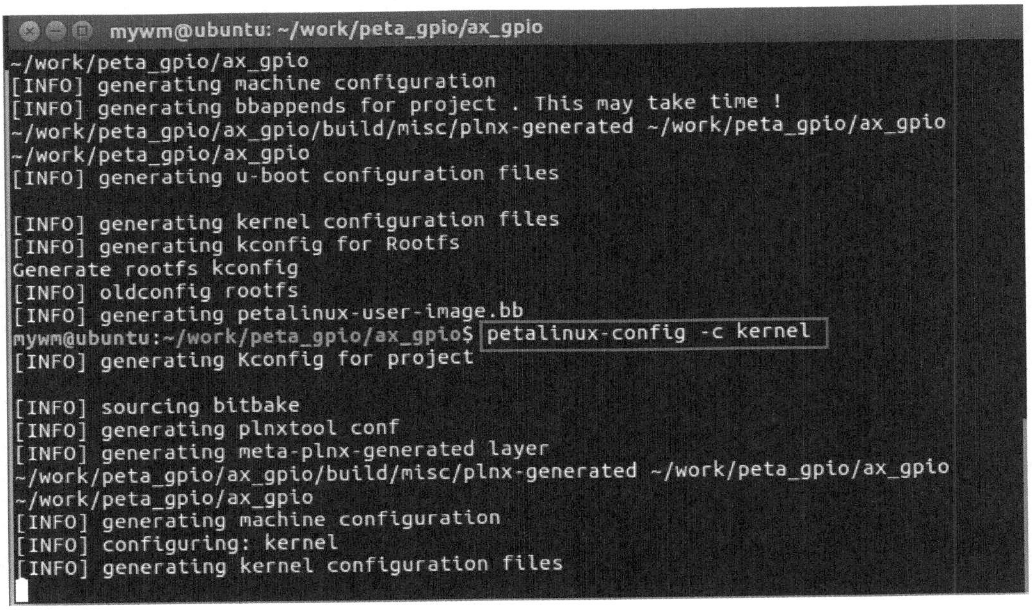

图 8.15　启动内核配置界面

2. 内核配置界面

等待一段时间后弹出内核配置界面，如图 8.16 所示，本次实验使用默认配置，保存配置并退出。内核配置成功界面如图 8.17 所示。

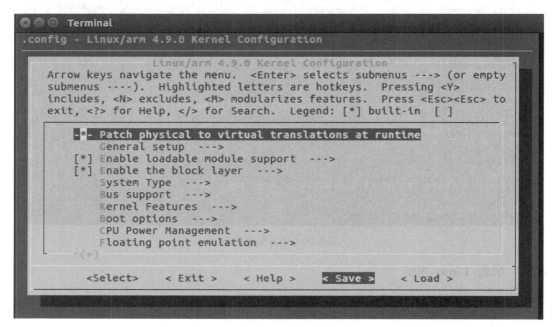

图 8.16　内核配置界面

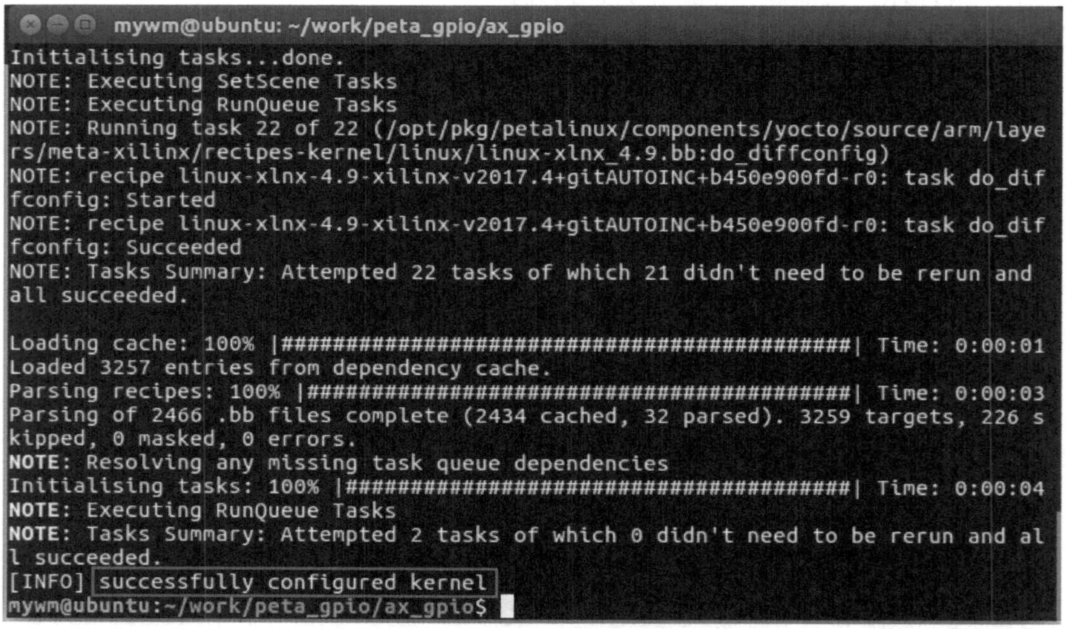

图 8.17　内核配置成功界面

8.2.4　配置根文件系统

运行"petalinux-config -c rootfs"命令配置根文件系统，如图 8.18 所示，可以根据需要配置根文件系统，本实验保持默认配置即可。

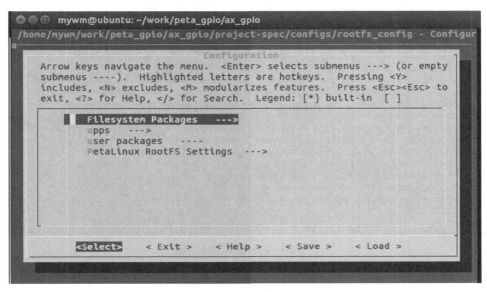

图 8.18　根文件系统配置界面

8.2.5　编译内核

使用"petalinux -build"命令配置编译 uboot、内核、根文件系统、设备树等，如图 8.19 所示，编译完成后界面如图 8.20 所示。

图 8.19　内核编译界面

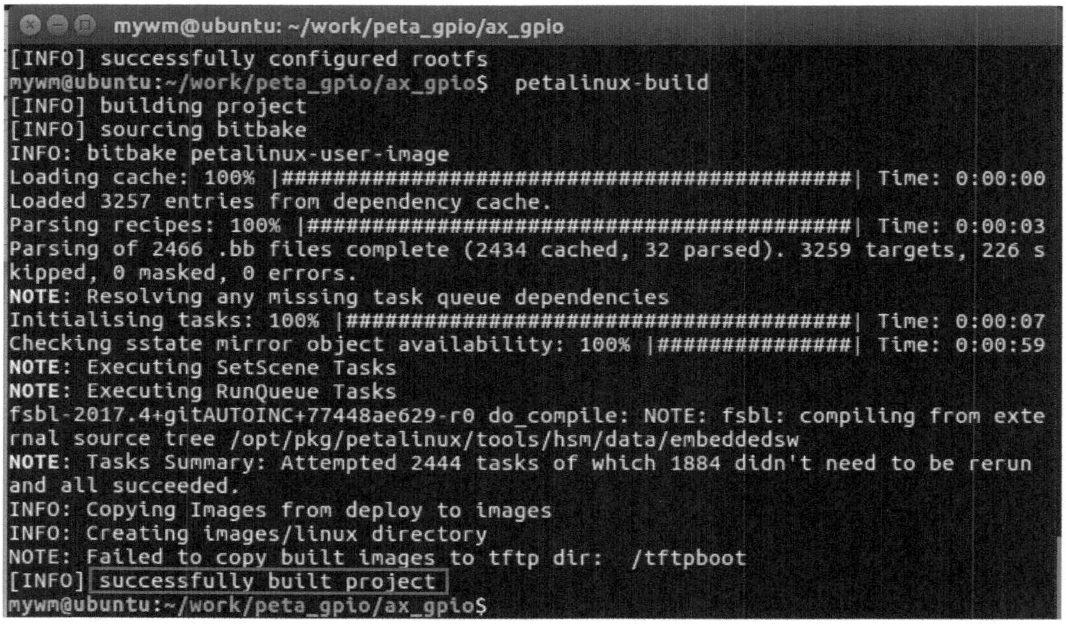

图 8.20　内核编译完成界面

8.2.6　生成 BOOT 文件

运行下面命令生成 BOOT 文件，注意空格和短线，运行界面如图 8.21 所示。

petalinux-package --boot --fsbl ./images/linux/zynq_fsbl.elf --fpga --u-boot --force

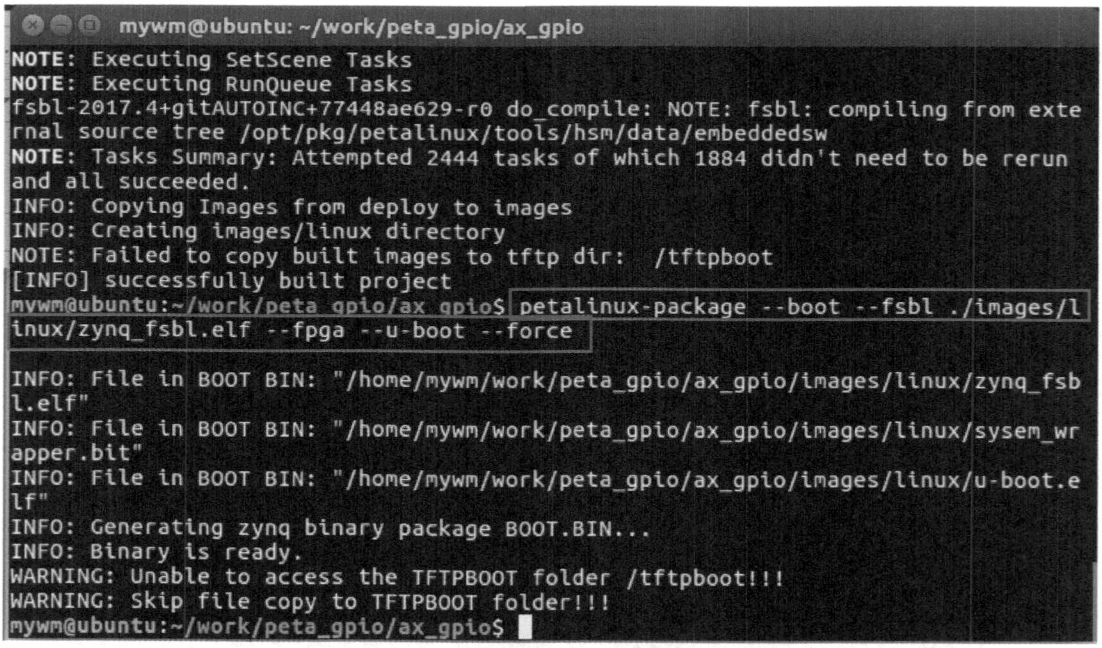

图 8.21　BOOT 文件生成界面

8.2.7　测试 Linux 系统

（1）将工程目录 images → linux 中的"BOOT.BIN"和"image.ub"启动文件复制到 SD 卡，如图 8.22 所示，复制前可以先格式化一下 SD 卡，然后将其插到开发板上，开发板设置成 SD 卡启动方式。

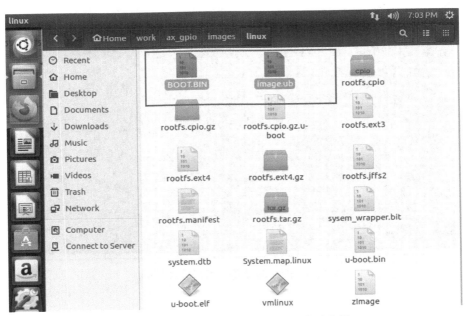

图 8.22　工程目录 images → linux 启动文件

（2）打开串口终端，启动开发板，登录界面如图 8.23 所示。

图 8.23　BOOT 文件生成界面

（3）使用 root 登录，默认密码 root，插上网线后路由器支持自动获取 IP 地址，即动态主机配置协议（dynamic host configuration protocol，DHCP）服务，使用"ifconfig"命令可以看到网络状态，说明制作的启动文件成功，界面如图 8.24 所示。

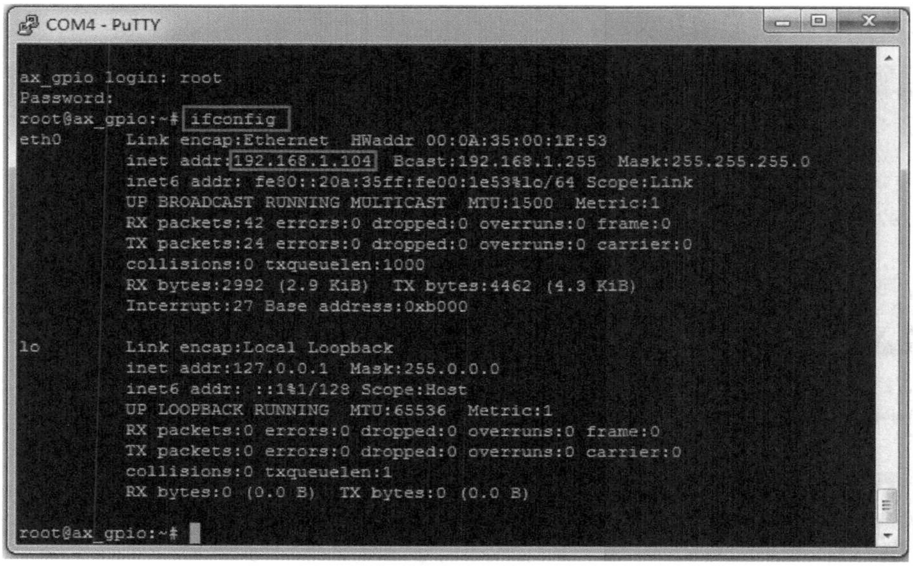

图 8.24　ifconfig 命令查看网络状态界面

8.3　Linux 系统常用命令简介

1. 文件和文件夹操作

（1）使用如下命令创建一个文件夹（目录），dir 是要创建的文件夹名称。

```
mkdir dir
```

（2）使用如下命令创建多层目录的文件夹，dir1、dir2 是要创建的文件夹名称。

```
mkdir -p dir1/dir2
```

（3）改变当前目录。

```
cd  newdir:    进入 newdir 目录。
cd  .. :       进入上层目录。
cd  - :        进入上一次路径。
cd  :          进入 home 目录。
```

（4）复制文件。

```
cp source_file dest_file:   复制 source_file 为 dest_file。
cp file1 file2 dir :        复制 file1 和 file2 到文件夹 dir。
cp -r source_dir dest_dir:  保留属性复制,等同于 rsync -a source_dir/dest_dir/。
```

```
ln -s linked_file link :    创建一个软连接。
```

（5）文件重命名。

```
mv source_file dest_file : source_file 重命名为 dest_file。
```

（6）删除文件和文件夹。

```
rm file1 file2 : 删除文件或者文件链接。
rmdir dir     : 删除一个空文件夹。
rm -rf dir    : 删除一个非空文件夹。
```

2. 文件列表

```
ls:   最为常用，显示当前文件夹下的所有文件，不包含隐藏文件。
ls -l: 显示更多的文件信息。
ls -a: 显示包含隐藏文件的所有文件。
```

3. 压缩解压

（1）创建一个压缩包：

```
tar zcvf archive.tar.gz dir/
```

（2）解压一个 tar.gz 文件：

```
tar zxvf archive.tar.gz
```

4. 系统管理

```
ifconfig -a :   显示所有可用网络接口。
ping 192.168.1.1: 测试网络和其他主机的连通性。
```

8.4　Linux Xilinx GPIO 驱动技术简介

在 http://www.wiki.xilinx.com/Linux+Drivers 页面可以找到所有 Linux 系统下 Xilinx 的驱动，GPIO 驱动如图 8.25 所示，有些驱动给出了详细的用法。

Xilinx Wiki / Linux / Linux Drivers

	IP: axi_ethernetlite			
GPIO	Zynq-7000 SoC, Ultrascale+ MPSoC	GPIO Driver	Yes	drivers/gpio/gpio-zynq.c
GPIO	axi_gpio	AXI GPIO Driver	Yes	drivers/gpio/gpio-xilinx.c

图 8.25　GPIO 驱动页面

在 GPIO 驱动详细页面 http://www.wiki.xilinx.com/Linux%20GPIO%20Driver 中介绍了 GPIO 驱动使用范围、设备树范例及如何写程序。Zynq 的 GPIO 可以分为两种，一种是 PS 端自带的 GPIO，另一种是使用 PL 实现的 GPIO。8.1 节使用的 pynq_v2017_ipgpio

工程，在建立 Vivado 工程时添加了 Xilinx 的 GPIO IP，大部分 Xilinx 提供的核在 Linux 下都已经有驱动，而且很多默认配置都是可以用的，如 AXI GPIO 驱动不需要在内核中再配置就可以使用。

Linux 提供了强大的 SHELL 功能，通过 "ls /sys/class/gpio" 命令可以查看 GPIO 编号，运行结果如图 8.26 所示。通过图 8.26 可以看到有 gpiochip1020、gpiochip902，说明有 2 个 GPIO 控制器，这里的数字是控制器 GPIO 基数。

图 8.26　GPIO 编号

通过 "cat /sys/class/gpio/gpiochip1020/label" 命令，确定 GPIO1020 和物理 GPIO 的关系如图 8.27 所示，可以看到这个 gpio 在设备树里的节点是 "/amba_pl/gpio@41200000"，通过设备树的节点可以确定是哪一个物理 GPIO，如图 8.28 所示。

图 8.27　GPIO 设备树节点

```
/ {
        amba_pl: amba_pl {
                #address-cells = <1>;
                #size-cells = <1>;
                compatible = "simple-bus";
                ranges ;
                axi_gpio_0: gpio@41200000 {
                        #gpio-cells = <2>;
                        compatible = "xlnx,xps-gpio-1.00.a";
                        gpio-controller ;
                        reg = <0x41200000 0x10000>;
                        xlnx,all-inputs = <0x0>;
                        xlnx,all-inputs-2 = <0x0>;
                        xlnx,all-outputs = <0x0>;
                        xlnx,all-outputs-2 = <0x0>;
                        xlnx,dout-default = <0x00000000>;
                        xlnx,dout-default-2 = <0x00000000>;
                        xlnx,gpio-width = <0x4>;
                        xlnx,gpio2-width = <0x20>;
                        xlnx,interrupt-present = <0x0>;
                        xlnx,is-dual = <0x0>;|
                        xlnx,tri-default = <0xFFFFFFFF>;
                        xlnx,tri-default-2 = <0xFFFFFFFF>;
                };
        };
};
```

图 8.28　GPIO 设备树文件

通过设备树文件可以看出，这是在 Vivado 工程中定义的 LED GPIO。可以通过如下 SHELL 命令控制 GPIO 的 LED0 灯：

```
echo 1020 >  /sys/class/gpio/export
echo out >  /sys/class/gpio/gpio1020/direction
echo 1 >  /sys/class/gpio/gpio1020/value
echo 0 >  /sys/class/gpio/gpio1020/value
```

下面通过 Linux 的 SHELL 文件操作 GPIO。“gpio_test.sh”文件内容如图 8.29 所示，gpio_test 函数会根据参数导出一个 GPIO，然后一个“for”循环 3 次，每次先写 0 再写 1，调用了 4 次 gpio_test，依次点亮 4 个 PL 端的 LED 灯。

```
#!/bin/sh
gpio_test() {
gpio=$1
echo $gpio > /sys/class/gpio/export
echo out > /sys/class/gpio/gpio${gpio}/direction
for i in $(seq 1 3)
do
echo 0 >/sys/class/gpio/gpio${gpio}/value
sleep 1
echo 1 >/sys/class/gpio/gpio${gpio}/value
sleep 1
done
echo $gpio > /sys/class/gpio/unexport
}
gpio_test 1020
gpio_test 1021
gpio_test 1022
gpio_test 1023
```

图 8.29　GPIO 测试的 SHELL 文件

可以在开发板的串口终端，通过挂载 NFS 运行这个 SHELL，具体步骤如下。

（1）在 Linux 主机端执行命令“sudo /etc/init.d/rpcbind restart”重启 rpcbind 服务。NFS 是一个远程过程调用（remote procedure call，RPC）程序，在使用它之前，需要映射好端口，通过 rpcbind 设定，如图 8.30 所示。

```
mywm@ubuntu: ~/work/peta_gpio/ax_gpio
mywm@ubuntu:~/work/peta_gpio/ax_gpio$ sudo  /etc/init.d/rpcbind restart
[sudo] password for mywm:
[ ok ] Restarting rpcbind (via systemctl): rpcbind.service.
mywm@ubuntu:~/work/peta_gpio/ax_gpio$
```

图 8.30　重启 RPC 服务

（2）执行命令“sudo /etc/init.d/nfs-kernel-server restart”重启 NFS 服务，如图 8.31 所示。

```
mywm@ubuntu: ~/work/peta_gpio/ax_gpio
mywm@ubuntu:~/work/peta_gpio/ax_gpio$ sudo  /etc/init.d/rpcbind restart
[sudo] password for mywm:
[ ok ] Restarting rpcbind (via systemctl): rpcbind.service.
mywm@ubuntu:~/work/peta_gpio/ax_gpio$ sudo /etc/init.d/nfs-kernel-server restart
[ ok ] Restarting nfs-kernel-server (via systemctl): nfs-kernel-server.service.
mywm@ubuntu:~/work/peta_gpio/ax_gpio$
```

图 8.31　重启 NFS 服务

（3）使用 "ifconfig" 命令查看 Linux 主机的 IP 地址，如图 8.32 所示。

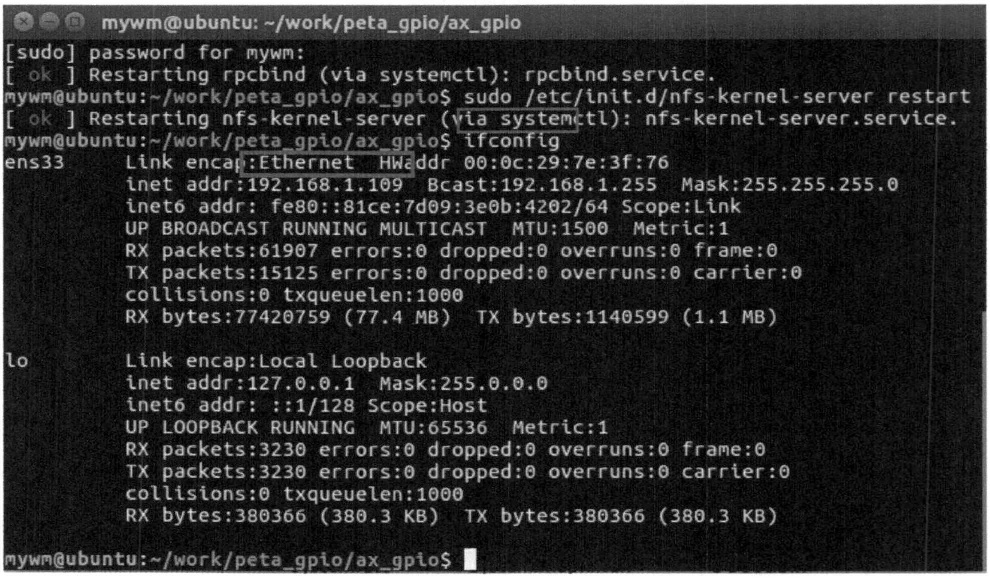

图 8.32　Linux 主机的 IP 地址

（4）在开发板的串口终端，通过下面命令挂载 NFS 目录，将 Linux 主机的 NFS 工作路径 "/home/mywm/work" 挂载在本地的 "/mnt" 目录上。

```
mount -t nfs 192.168.1.109:/home/mywm/work /mnt
```

如果上面命令出错，可以使用下面命令挂载：

```
mount -t nfs -o nolock 192.168.1.109:/home/mywm/work /mnt
```

（5）进入 "/mnt"，"cd /mnt" 可以在 "/mnt" 目录看到 "gpio_test.sh" 文件运行此 SHELL 文件：

```
./ gpio_test.sh
```

如果 SHELL 不能运行，可以先添加运行权限，命令如下：

```
chmod +x gpio_test.sh
```

观察开发板 LED 灯状态的变化。

8.5　Linux 系统下 GPIO 驱动实验案例

1. 实验目标

本实验目标是熟悉在 Linux 系统下使用 C 语言通过 Xilinx GPIO 驱动控制外设。

2. 实验内容

具体实验内容：仍使用 pynq_v2017_ipgpio 工程的硬件配置，通过 C 语言程序设计实现对 PL 端的 LED 灯进行控制。可以参考 Xilinx 的 wiki 页面，http://www.wiki.xilinx.com/ GPIO%20User%20Space%20App 的 GPIO 测试代码。

3. 编写源程序

编写 "gpioled.c" 源文件，代码如下：

```
1.   #include <stdio.h>
2.   #include <stdlib.h>
3.   #include <fcntl.h>
4.   int main()
5.   {
6.       int valuefd, exportfd, directionfd;
7.       printf("GPIO test running...\n");
8.       // The GPIO has to be exported to be able to see it in sysfs
9.       exportfd = open("/sys/class/gpio/export", O_WRONLY);
10.      if (exportfd < 0)
11.      {
12.          printf("Cannot open GPIO to export it\n");
13.          exit(1);
14.      }
15.      write(exportfd, "1020", 4);
16.      close(exportfd);
17.      printf("GPIO exported successfully\n");
18.      // Update the direction of the GPIO to be an output
19.      directionfd = open("/sys/class/gpio/gpio1020/direction", O_RDWR);
20.      if (directionfd < 0)
21.      {
22.          printf("Cannot open GPIO direction it\n");
23.          exit(1);
24.      }
25.      write(directionfd, "out", 4);
26.      close(directionfd);
27.      printf("GPIO direction set as output successfully\n");
28.      // Get the GPIO value ready to be toggled
29.      valuefd = open("/sys/class/gpio/gpio1020/value", O_RDWR);
30.      if (valuefd < 0)
31.      {
32.          printf("Cannot open GPIO value\n");
33.          exit(1);
34.      }
35.      printf("GPIO value opened, now toggling...\n");
36.      // toggle the GPIO as fast as possible forever, a control c is
         //needed to stop it
37.      while (1)
38.      {
39.          write(valuefd,"1", 2);
40.          sleep(1);
41.          write(valuefd,"0", 2);
```

```
42.          sleep(1);
43.      }
44. }
```

4. 编译与运行

（1）加载 Vivado 环境：

```
source /opt/Xilinx/Vivado/2017.4/settings64.sh
```

（2）对 "gpioled.c" 源文件进行交叉编译：

```
arm-linux-gnueabihf-gcc gpioled.c -o gpioled
```

（3）运行 gpioled，结果如图 8.33 所示，同时观察开发板 LED0 灯的状态变化：

```
./gpioled
```

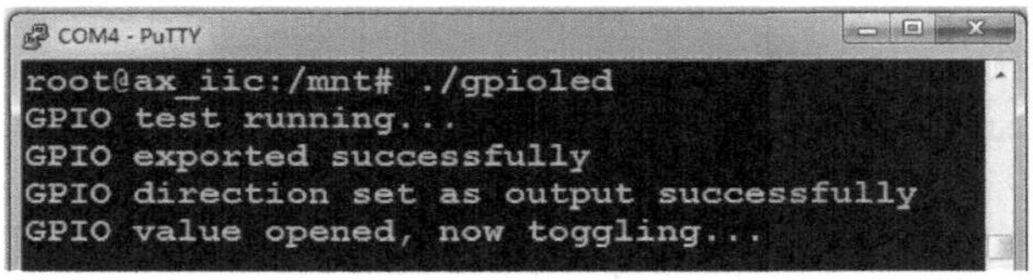

图 8.33　运行结果

5. 实验拓展

1）基本拓展
（1）上面程序是如何控制 LED 灯的？
（2）如何确定 GPIO1020 和物理 GPIO 的关系？
（3）使用 SHELL 命令控制 GPIO 其他 LED 灯的状态。
（4）通过 Linux 的 SHELL 文件操作 GPIO 其他 LED 灯的状态。
（5）通过 C 语言程序操作 GPIO 其他 LED 灯的状态。
2）进阶拓展
在 pynq_v2017_ipgpio 的 Vivado 工程中添加一个 GPIO 核用来控制 PYNQ-Z2 的 PL 按键，将硬件配置导出。按照 8.1 节的步骤完成使用 PetaLinux 定制 Linux 系统，并实现通过按键控制 LED 灯状态变化的功能。
（1）使用 SHELL 命令完成按键控制 LED 灯状态变化的功能。
（2）通过 Linux 的 SHELL 文件操作完成按键控制 LED 灯状态变化的功能。
（3）通过 C 语言程序操作完成按键控制 LED 灯状态变化的功能。

8.6　Linux 系统设备驱动技术

前面几章对 Zynq-7000 SoC 内 Cortex-A9 外设进行操作时，并没有操作系统的支持。没有操作系统支持时，可以直接对底层硬件进行驱动，包括写控制寄存器和读状态寄存器。在这种情况下，驱动程序不但对底层硬件是可见的，对于应用程序同样也是可见的，程序员很清楚每个寄存器的地址、寄存器中每一位的含义、处理器的中断机制等。

当有操作系统（如 Linux）支持时，驱动程序对底层硬件和操作系统是可见的，而对应用程序是不可见的，编写应用程序的程序员不需要知道底层硬件的细节。操作系统为每个底层硬件提供驱动程序，驱动程序的核心仍然是对底层硬件的驱动，操作系统对驱动程序进行了封装，应用程序只能通过封装好的应用程序接口函数访问操作系统，再通过操作系统与底层硬件进行交互。

Linux 驱动提供了统一的 API，软件开发者不需要关心底层硬件的细节。Linux 内核把驱动程序划分为三种类型：字符设备、块设备和网络设备。本节使用 PetaLinux 工具开发 Linux I2C 驱动程序。

8.6.1　I2C 设备驱动

在 Zynq-7000 SoC 内，除了 PS 一侧的外设，还可以在 PL 内定制大量不同类型的外设。对于 PL 内的这些外设，在 Linux 操作系统中并没有提供它们的驱动，因此需要自行开发这些外设的驱动程序。本节通过 I2C 总线对有机发光二极管（organic light emitting diode，OLED）屏进行输出控制，使用 PetaLinux 工具开发 Linux I2C 驱动，学习 Zynq 在 Linux 环境下驱动开发的基本流程和方法。

8.6.2　Vivado 工程设计

创建一个名为 pynq_v2017_i2c_oled096 的 Vivado 工程，添加 Zynq-7000 SoC IP 核和 AXI I2C IP 核，自动连接，配置 Zynq PL-PS 中断。系统硬件工程配置完成后如图 8.34 所示。添加 Arduino 引脚约束，选择 Create HDL Wrapper，生成顶级的 VHDL 模型，然后生成比特流，导出硬件文件到 SDK，包括比特流。硬件输出文件为"system_wrapper.hdf"。

8.6.3　使用 PetaLinux 工具配置 Linux 系统及 I2C 驱动

1. 设置 PetaLinux 环境变量

按下 Ctrl+Alt+T 组合键，打开终端进入工作目录（cd work）运行下面命令：

```
source /opt/pkg/petalinux/settings.sh
```

2. 创建 PetaLinux 工程

使用下面命令创建一个名为 ax_iic 的 PetaLinux 工程：

```
petalinux-create --type project --template zynq --name ax_iic
```

3. 配置 PetaLinux 工程

（1）把 8.6.2 节设计的 Vivado 工程中硬件输出文件"system_wrapper.hdf"复制到新创建的 ax_iic 目录下，如图 8.35 所示。

（2）进入 ax_iic 工程目录：

```
cd ax_iic
```

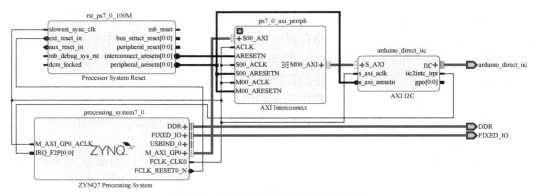

图 8.34　Vivado 系统硬件工程配置图

图 8.35　Linux ax_iic 工程目录

（3）使用如下命令配置 PetaLinux 工程：

```
petalinux-config --get-hw-description=./
```

（4）在工程配置界面（图 8.36）选择 DTG Settings。

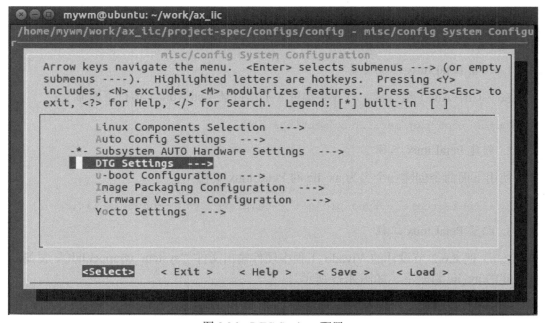

图 8.36　DTG Settings 配置

（5）在工程配置界面（图 8.37）选择 Kernel Bootargs。

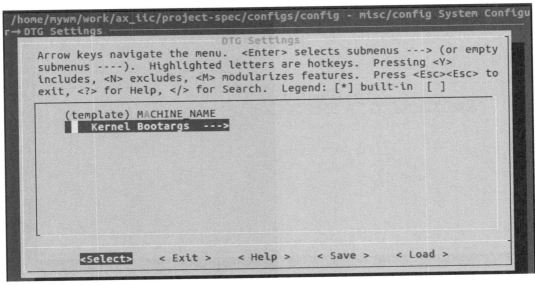

图 8.37　进入 Kernel Bootargs 配置界面

（6）在工程配置界面（图 8.38）的 generate boot args automatically 栏单击空格，取消选中，弹出如图 8.39 所示界面。

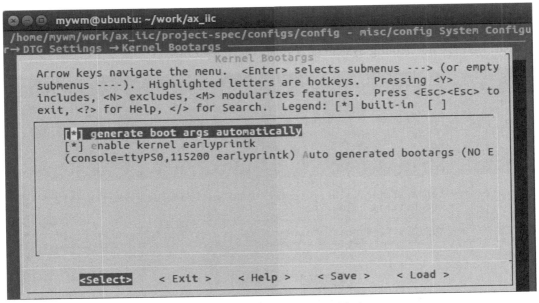

图 8.38　Kernel Bootargs 配置界面

（7）在工程配置界面（图 8.39）选中 user set kernel bootargs（NEW）选项，弹出如图 8.40 所示界面，在新界面中输入如下内容：

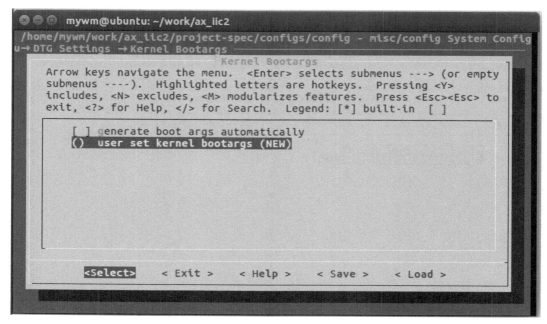

图 8.39　user set kernel bootargs（NEW）配置

```
console=ttyPS0,115200 root=/dev/mmcblk0p2 rw earlyprintk quiet
rootfstype=ext4 rootwait
```

修改默认启动参数，并将 tootfs 设置为 SD 卡。完成默认参数修改，按 Tab 键选中
OK，单击回车确认。按 Tab 键选中 Save，单击回车，在新窗口单击 OK，保存设置。单
击 Exit，退回到 misc/config System 配置界面，如图 8.40 所示。

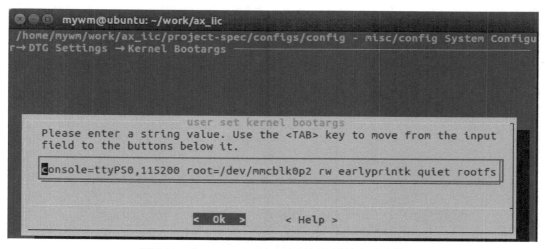

图 8.40　在 Kernel Bootargs 配置添加默认启动参数

（8）在工程配置界面（图 8.41）选中 Image Packaging Configuration 选项，在弹出
的界面选中 Root filesystem type 选项，弹出新界面如图 8.42 所示，在 SD card 选项单击

空格键，退回上一级界面，按 Tab 键切换到按键 Save 单击回车，在新窗口单击 OK 确认。之后选择 Exit 直到退出到命令界面，等到配置完成。

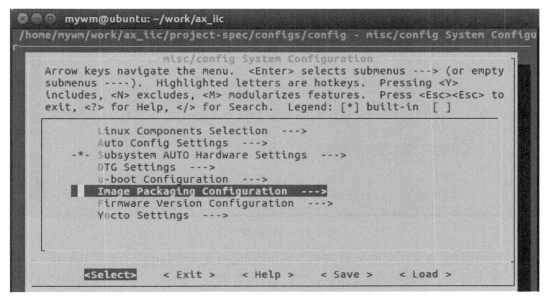

图 8.41　misc/config System 配置界面

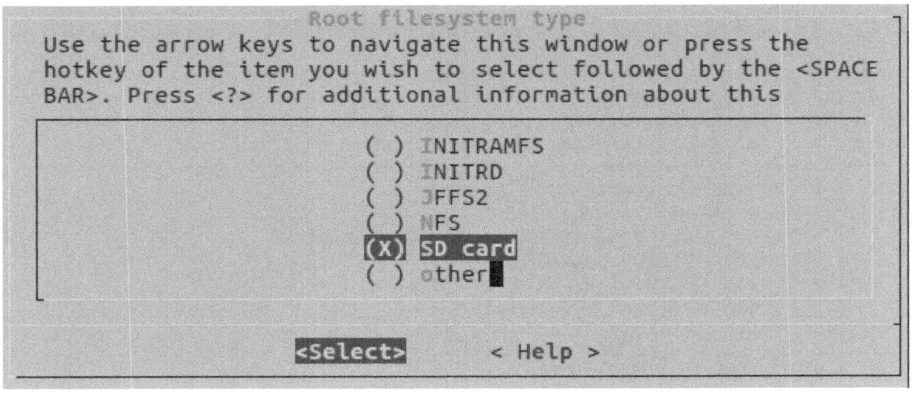

图 8.42　SD card 启动配置

4. 配置 Linux 内核

使用下列命令进行内核配置：

```
petalinux-config -c kernel
```

（1）发出命令后要等待一段时间弹出内核配置界面，如图 8.43 所示，依次选中 Device Drivers→I2C Hardware Bus support → Xilinx I2C Controller。

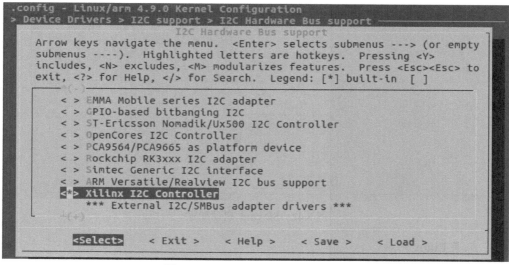

图 8.43　内核配置界面

（2）内核配置界面如图 8.44 所示，选中 Xilinx I2C Controller，单击 Tab 键，选择 Save，单击回车。弹出如图 8.45 所示界面，默认名字为 ".config"，单击 OK 确认保存。之后选择 Exit 直到退出到命令界面，等待内核配置完成。

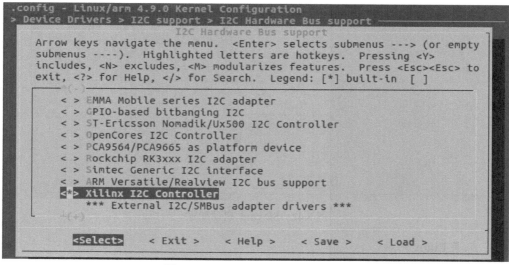

图 8.44　Xilinx I2C Controller 配置

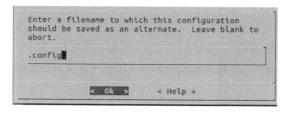

图 8.45　保存配置文件界面

5. 配置文件系统

使用下列命令进行根文件系统配置：

```
petalinux-config -c rootfs
```

（1）发出命令后要等待一段时间弹出根文件系统配置界面，如图 8.46 所示，依次选择 Filesystem Packages → base → i2c-tools → i2c-tools。

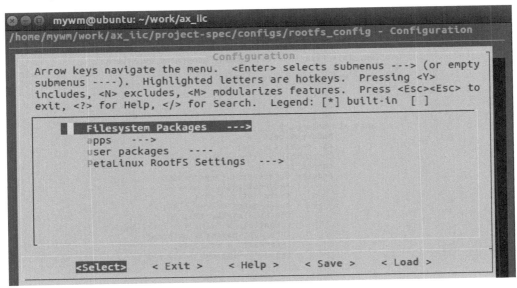

图 8.46　根文件系统配置

（2）根系统配置界面如图 8.47 所示，选中 i2c-tools，单击 Tab 键，选择 Save，单

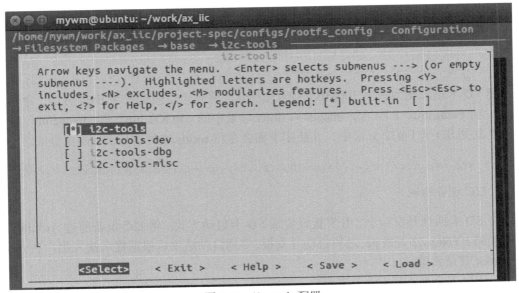

图 8.47　i2c-tools 配置

击回车。在弹出的界面保持默认设置，单击 OK 确认保存。之后选择 Exit 直到退出到命令界面，等待配置完成。

6. 编译 Linux 内核

使用下列命令配置编译 uboot、内核、根文件系统、设备树等：

```
petalinux-build
```

编译完成后，可以看到"pl.dtsi"设备文件内容如图 8.48 所示。

```
/*
 * CAUTION: This file is automatically generated by Xilinx.
 * Version:
 * Today is: Wed Dec 23 18:06:00 2020
 */

/ {
        amba_pl: amba_pl {
                #address-cells = <1>;
                #size-cells = <1>;
                compatible = "simple-bus";
                ranges ;
                arduino_direct_iic: i2c@41600000 {
                        #address-cells = <1>;
                        #size-cells = <0>;
                        clock-names = "ref_clk";
                        clocks = <&clkc 15>;
                        compatible = "xlnx,xps-iic-2.00.a";
                        interrupt-parent = <&intc>;
                        interrupts = <0 29 4>;
                        reg = <0x41600000 0x10000>;
                };
        };
};
```

图 8.48　i2c 设备树内容

7. 创建 BOOT 文件

运行下面命令产生启动文件：

```
petalinux-package --boot --force --fsbl ./images/linux/zynq_fsbl.elf --fpga ./images/linux/*.bit --u-boot
```

把 SD 卡格式化为一个 100MB 的 Fat32 分区，将剩余空间格式为 Ext4 分区，命名为 rootfs。将 PetaLinux 工程目录 images→linux 目录中的"BOOT.bin"和"image.ub"启动文件复制到 SD 卡 Fat32 分区中，并使用下面命令将 rootfs 文件解压到 rootfs 分区。

```
tar xzf ax_iic/images/linux/rootfs.tar.gz -C/media/$(whoami)/rootfs
```

8. I2C 设备检测

将 SD 卡插到开发板上，开发板设置成 SD 卡启动方式。将 I2C 设备通过 Arduino 接口连接到 PYNQ-Z2 开发板，之后启动开发板，等到启动结束后根据提示输入用户名 root、密码 root 登录系统。

使用如下命令查看 I2C 设备：

```
ls /dev/ | grep i2c
```

结果如图 8.49 所示，表明已经成功添加了 I2C 设备。

使用如下命令检测 I2C 设备：

```
i2cdetect -y 0
```

结果如图 8.49 所示，表明已经成功检测到了 1 个 I2C 设备。

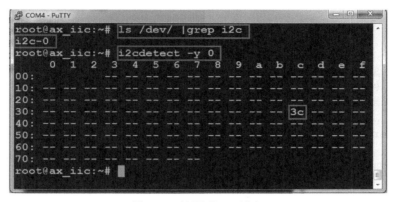

图 8.49　检测到 I2C 设备

8.6.4　使用 C 语言程序控制 I2C 设备

本实验在 Linux 系统下使用 C 语言通过 Xilinx I2C 驱动控制 I2C 接口设备。可参考 https://xilinx-wiki.atlassian.net/wiki/spaces/A/pages/18841974/Linux+I2C+Driver 的 I2C 测试代码。通过 C 语言程序实现对 Seeed 的 Grove-OLED 0.96 in（1in=2.54cm）显示屏进行操作。主要代码如下：

```
1.   #include "SeeedOLED.h"
2.   #include <fcntl.h>
3.   #include <stdio.h>
4.   #include <linux/i2c-dev.h>
5.   #define I2C_SLAVE_FORCE 0x0706
6.   #define I2C_SLAVE  0x0703  /* Change slave address          */
7.   #define I2C_FUNCS  0x0705  /* Get the adapter functionality */
8.   #define I2C_RDWR 0x0707 /* Combined R/W transfer（one stop only）*/
9.   /* FD of the IIC device opened.*/
10.  int  Fdiic;
11.  typedef unsigned char  Xuint8;
12.  void SeeedOLED_sendCommand（unsigned char command）{
13.      unsigned Result;
14.      Xint8 WriteBuffer[2]={SeeedOLED_Command_Mode,command};
15.      Xuint8 BytesWritten;  /* Number of Bytes written to the IIC
device. */
16.      Result = write（Fdiic, WriteBuffer, 2）;
17.  }
18.  void SeeedOLED_sendData（unsigned char Data）{
```

```
19.        unsigned Result;
20.        Xint8 WriteBuffer[2]={SeeedOLED_Data_Mode,Data};
21.        Result = write(Fdiic, WriteBuffer, 2);
22.    }
23. void SeeedOLED_putString(const char* String){
24.        unsigned char i = 0;
25.        while (String[i]){
26.            SeeedOLED_putChar(String[i]);
27.            i++;
28.        }
29. }
30. void SeeedOLED_setTextXY(unsigned char Row, unsigned char Column){
31.        SeeedOLED_sendCommand(0xB0 + Row);         //set page address
32.        SeeedOLED_sendCommand(0x00 + (8 * Column & 0x0F)); /*set column
lower address */
33.        SeeedOLED_sendCommand(0x10 + ((8 * Column >> 4) & 0x0F));/*set
column higher address*/
34. }
35. int main()
36. {
37.        int Status=0;
38.        Fdiic = open("/dev/i2c-0", O_RDWR);
39.        if(Fdiic < 0)
40.        {
41.            printf("Cannot open the IIC device\n");
42.            return 1;
43.        }
44.        Status = ioctl(Fdiic, I2C_SLAVE_FORCE, SeeedOLED_Address);
45.        SeeedOLED_init();              //initialze SEEED OLED display
46.        SeeedOLED_clearDisplay();    /*clear the screen and set start
position to top left corner*/
47.        SeeedOLED_setNormalDisplay();     //Set display to normal mode
48.        SeeedOLED_setPageMode();    //Set addressing mode to Page Mode
49.        SeeedOLED_setTextXY(0, 0); //Set the cursor to Xth Page, Yth
Column
50.        SeeedOLED_putString("Hello World!");
51.        SeeedOLED_setTextXY(1, 0);
52.        SeeedOLED_putString("Hello World!");
53.        printf("Oled test successfull\n");
54.        close(Fdiic);
55.        return 0;
56.}
```

编译与运行过程如下。

（1）加载 Vivado 环境：

```
source /opt/Xilinx/Vivado/2017.4/settings64.sh
```

（2）对"SeeedOLED.c"源文件进行交叉编译：

```
arm-linux-gnueabihf-gcc SeeedOLED.c -o SOLED
```

（3）运行 SOLED，运行结果如图 8.50 所示。

```
./ SOLED
```

图 8.50　程序运行结果

8.6.5　运行结果与拓展

1. 运行结果

程序运行结果如图 8.50 所示。

2. 拓展

（1）上面程序是如何控制 OLED 显示输出的？
（2）实现对整型及浮点型数据的显示输出。
（3）接入更多的 I2C 设备，并进行操作控制。

第9章 数据采集系统的设计与实现

本章综合应用前面章节学习到的知识，使用 PYNQ-Z2 开发板，通过不同接口、不同功能的传感器进行数据采集，实现数据显示、问题报警，并通过以太网和上位机进行通信，实现命令接收和数据传送等功能。

9.1 系统功能描述

系统总体硬件结构如图 9.1 所示，由主控模块（Zynq-7000 SoC 双核 Cortex-A9）、PL（Arduino 接口）、信息采集与处理模块（传感器）、显示报警、网络通信模块组成。传感器通过 PYNQ-Z2 开发板 Arduino 接口的模拟、数字、I2C 等总线通信接口接入系统，实现数据采集、管理、与上位机通信等功能。

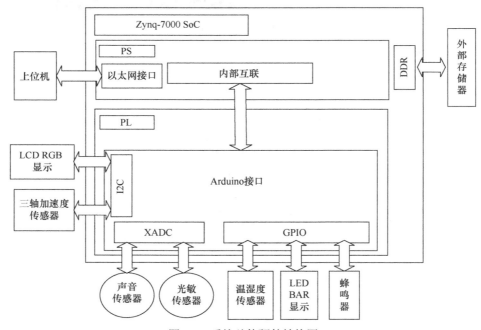

图 9.1 系统总体硬件结构图

系统在主控程序的控制下完成数据采集、显示与报警、网络与通信管理等功能，如图 9.2 所示，具体实现功能如下：

（1）系统管理与模块控制；

（2）温度、湿度数据采集与显示，管理蜂鸣器报警；

（3）光敏和声音数据采集与显示，LED BAR 分段显示输出；
（4）三轴数字加速度传感器的数据采集与 LCD RGB 背光显示；
（5）网络与通信管理；
（6）上位机管理。

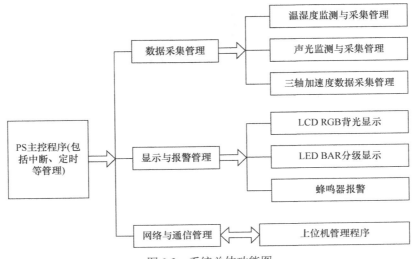

图 9.2　系统总体功能图

系统实物图如图 9.3 所示。

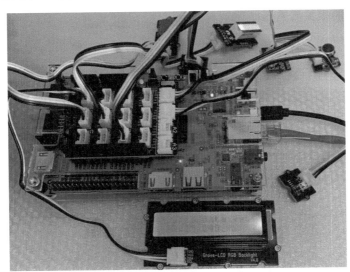

图 9.3　系统实物图

9.2　任务分析设计

根据系统功能要求，结合 PYNQ-Z2 开发板现有接口资源，为了能将多个传感器安全、可靠地接入 PYNQ-Z2 开发板，选用 Seeed 的 Base Shield V2 扩展板，如图 9.4 所示，通过扩展板的 Arduino 接口连接。Base Shield V2 扩展板提供的接口资源如表 9.1 所示。

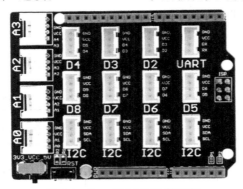

图 9.4　Base Shield V2 扩展板

表 9.1　Base Shield V2 扩展板的资源列表

功能	名字	数量
模拟接口	A0/A1/A2/A3	4
数字接口	D2/D3D4/D5/D6/D7/D8	7
UART 接口	UART	1
I2C 接口	I2C	4

9.2.1　系统使用的相关传感器概述

1. 温湿度传感器

温湿度传感器 DHT11 实物如图 9.5 所示。

DHT11 数字温湿度传感器是一款含有已校准数字信号输出的温湿度复合传感器，应用专用的数字模块采集技术和温湿度传感技术，传感器包括一个电阻式感湿元件和一个负温度系数（negative temperature coefficient，NTC）测温元件。它具有超小体积、极低功耗的特点。单线制串行接口，使系统集成变得简易快捷，信号传输距离可达 20m 以上。DHT11 电路图如图 9.6 所示，具体参数如表 9.2 所示。

图 9.5　DHT11 实物图

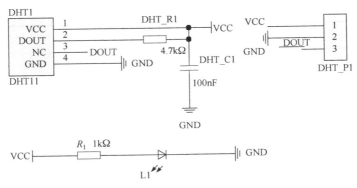

图 9.6 DHT11 电路图

表 9.2 DHT11 电气参数

参数	范围	取值
电源电压	3～5.5V	典型值：5V
温度量程	0～50℃	误差 ±2℃
湿度量程	20%～90%	误差 ±5%RH
采样周期	＞1s/次	

2. Grove-LED BAR V2

LED BAR 灯条如图 9.7 所示，其由一个 10 段式 LED 仪表棒和一个 MY9221 LED 控制芯片组成，可以用作剩余电池寿命、电压、水位、音乐音量或其他需要渐变显示的值的指示器。LED 条形图中有 10 个 LED 条：1 个红色、1 个黄色、1 个浅绿色和 7 个绿色。具体参数如表 9.3 所示。

图 9.7 LED BAR 实物图

表 9.3　　LED BAR 工作参数

参数	取值范围
电源电压	3～5.5V
操作温度	−20～80℃
峰值发射波长（红色，电流 20mA）	630～637nm
峰值发射波长（黄绿色，电流 20mA）	570～573nm
峰值发射波长（黄色，电流 20mA）	585～592nm
每段发光强度（红色，电流 20mA）	50～70mcd
每段发光强度（黄绿色，电流 20mA）	28～35mcd
每段发光强度（黄色，电流 20mA）	45～60mcd
尺寸	40mm × 20mm

3. 蜂鸣器

蜂鸣器如图 9.8 所示，其由一个压电蜂鸣器作为主要组成部分。压电蜂鸣器可以连接到数字输出，输出高时将发出声音；或者可以连接到模拟脉宽调制输出以产生各种音调和效果。

4. 声音传感器

声音传感器如图 9.9 所示，其由 LM386 放大器和一个驻极体麦克风构成，可以检测周围是否有声音（如拍击声、噪声等），并输出环境的声强。该模块可以方便地与其他电路输入端的逻辑模块集成，其输出是模拟的。它的体积小，性能高，容易采样和测试，是音频检测项目和互动项目的优先选择。

图 9.8　蜂鸣器

图 9.9　声音传感器

5. 光敏传感器

光敏传感器如图 9.10 所示,用于测量光的电平。它用 LS06-S 光敏电阻(一种高灵敏度和可靠性的光电二极管)代替传统的 LDR GL5528(光敏电阻)检测环境中光的强度。光敏电阻的电阻随光强的增加而减小。它可以输出各种模拟电信号,这些电信号可以转换成不同的量程(取决于传感器板上的模数转换器)。它具有较高的可靠性和灵敏度,用于光测量、光检测和光控开关。

图 9.10 光敏传感器实物图

6. LCD RGB 显示输出

LCD RGB Backlight V2.0 模块如图 9.11 所示,内部结构如图 9.12 所示,工作参数如表 9.4 所示,采用 I2C 作为与微控制器的通信方式。因此,数据交换和背光控制所需的引脚数量从约 10 个缩减到 2 个,从而减轻了系统在其他具有挑战性的任务中的负担。LCD RGB 背光支持颜色设置,支持用户自定义字符。

图 9.11 LCD RGB 背光显示实物图

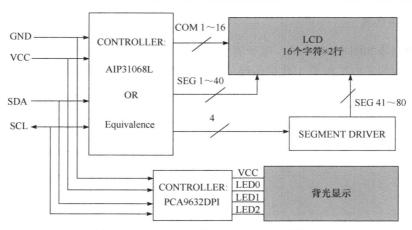

图 9.12   LCD RGB 背光显示的内部结构图

表 9.4   LCD RGB 背光显示工作参数

参数	取值范围
显示结构	16 个字符 × 2 行
显示模式	FSTN
工作电压	5V
工作电流	<60mA
CGROM	10880bit
CGRAM	64 × 8bit
LCD I2C 地址	0X3E
RGB I2C 地址	0X62

7. ADXL345 传感器

ADXL345 三轴数字加速度传感器如图 9.13 所示，是 ADI 公司推出的基于 iMEMS 技术的三轴、数字输出加速度传感器。它是一款小型、超薄、超低功耗的三轴加速度传感器，具有最高 13 位分辨率，可测量 ±2g、±4g、±8g、±16g 加速度范围。

ADXL345 非常适合移动设备应用，既可以测量重力在倾斜仪上的静态加速度，也可以测量由运动或振动引起的动态加速度。它的最高分辨率高达 3.9mg/LSB，能测量小于 1.0° 的倾斜角度变化。ADXL 支持标准的 I2C 或 SPI 数字接口，自带 32 级 FIFO 存储，并且内部有多种运动状态检测和灵活的中断方式等特性。ADXL345 三

图 9.13   ADXL345 三轴数字加速度传感器

轴加速度传感器的逻辑功能如图 9.14 所示。

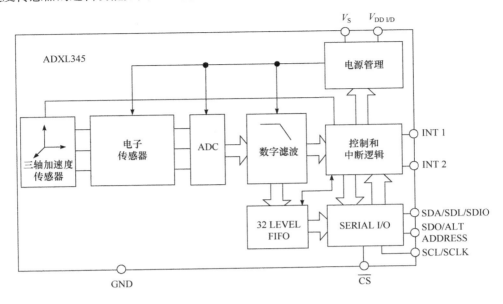

图 9.14　ADXL345 三轴数字加速度传感器逻辑功能

9.2.2　硬件系统设计

1. 数字接口设计

系统的蜂鸣器、DTH11 温湿度传感器、LED BAR 10 段 LED 显示条均通过数字接口接入系统，即通过 Arduino 数字接口 D3、D5、D6 引脚接入系统，在 Vivado 中使用 Xilinx AXI GPIO 核进行统一设计，通过 AXI 总线接入 PS 系统。

2. 模拟接口设计

系统的声音、光敏传感器通过模拟接口接入系统，即通过 Arduino 模拟接口 A0、A1 引脚接入系统，在 Vivado 中使用 Xilinx XADC IP 核进行统一设计，通过 AXI 总线接入 PS 系统。XADC 内部结构如图 9.15 所示。

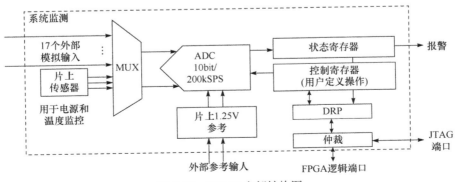

图 9.15　XADC 内部结构图

3. I2C 接口设计

系统的 LCD RGB 背光显示条、ADXL345 三轴数字加速度传感器通过 I2C 接口接入系统，即通过 Arduino I2C 接口引脚接入系统。在 Vivado 中使用 Xilinx AXI I2C 核进行统一设计，通过 AXI 总线接入 PS 系统。I2C 总线接口如图 9.16 所示，LCD RGB I2C 总线通信时序如图 9.17 所示。

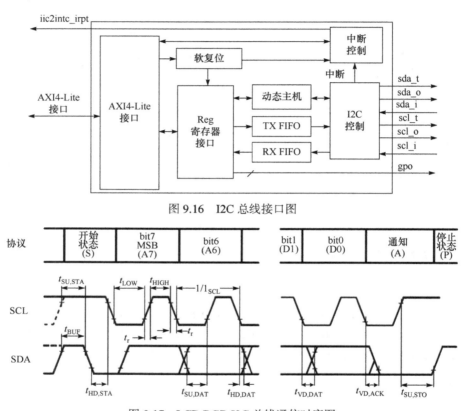

图 9.16　I2C 总线接口图

图 9.17　LCD RGB I2C 总线通信时序图

4. 以太网通信

开发板通过 PS 端的以太网接口与上位机进行通信，需要在 Zynq-7000 SoC IP 核中进行配置。

9.2.3　软件功能设计

软件的整体功能如图 9.2 所示，根据功能要求分成如下模块。

1. 系统管理与控制模块

该模块负责系统初始化、传感器初始化、TCP Server 创建、端口监听、命令接收、解析、执行等管理工作，主控程序的流程如图 9.18 所示，控制整个系统的管理和运行。

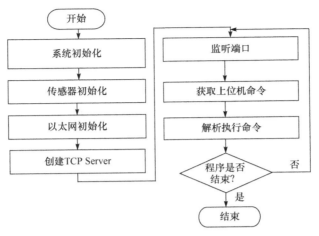

图 9.18　主控程序流程图

2. 温湿度数据采集、显示与报警管理模块

　　该模块实现对 Arduino 数字接口的读、写及模式设置等通用功能。移植 DTH11 温湿度传感器和 LED BAR 的函数库，通过 GPIO 编程实现对这些传感器的管理和调用。具体功能包括温湿度传感器初始化，获取环境的温湿度值，通过串口（UART）显示在调试窗口设定阈值，超过阈值蜂鸣器报警等。数字接口程序流程如图 9.19 所示。

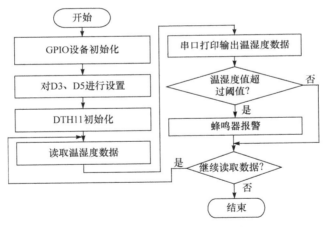

图 9.19　数字接口程序流程图

3. 光敏和声音数据采集与 LED BAR 显示模块

　　该模块实现对 Arduino 模拟接口通道的读、写操作，具体功能包括声音、光敏传感器初始化，在 LED BAR 上分级输出，通过串口（UART）显示。模拟接口程序流程如图 9.20 所示。

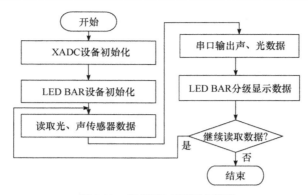

图 9.20　模拟接口程序流程图

4. 三轴数字加速度传感器的数据采集与 LCD RGB 背光显示管理模块

该模块实现对 Arduino 的 I2C 接口设备的读、写等操作，移植 LCD RGB 和 ADXL345 传感器的函数库，具体功能包括 LCD RGB 和三轴数字加速度传感器初始化，读取 ADXL345 传感器数据，在 LCD RGB 上显示数据，并通过串口（UART）显示。I2C 接口程序流程如图 9.21 所示。

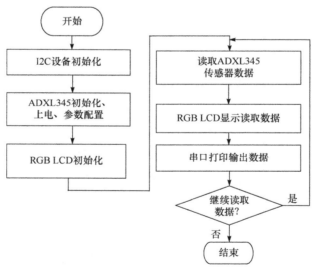

图 9.21　I2C 接口程序流程图

5. 网络与通信管理模块

该模块负责应用 LWIP 协议设计和实现上、下位机的通信。

首先实现上位机的 TCP Client 连接请求，然后监听连接，直到断开连接。TCP 连接处理程序流程如图 9.22 所示。

然后对上位机发来的请求命令进行解析，调用相应传感器驱动获取数据、输出数据，并按照协议要求打包数据，传送给上位机。上位机命令解析程序流程如图 9.23 所示。

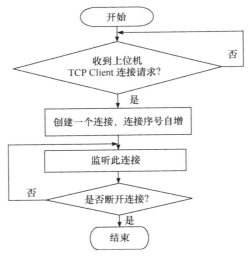

图 9.22　TCP 连接处理程序流程图

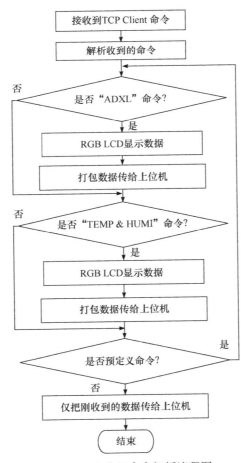

图 9.23　上位机命令解析流程图

6. 上位机管理模块

该模块负责完成创建上位机 TCP Client 与开发板 TCP Server 的连接，发送数据请求命令，接收和解析数据。

9.3　软硬件程序设计与实现

9.3.1　使用 Vivado 创建硬件工程

（1）按照前述方法，使用 Vivado 创建硬件工程，名为 pynq_v2017sensor_tcp。

（2）使用 Zynq-7000 SoC IP 核建立处理器内核，IP 核设计界面如图 9.24 所示。

（3）双击 Zynq-7000 SoC IP 核，进行 MIO Configuration 配置，选中 ENET0 修改引脚 IO TYPE 为 HSTL 1.8V，Speed 为 fast，如图 9.25 所示。

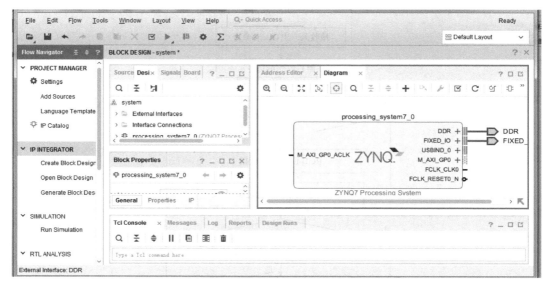

图 9.24　Vivado 的 IP 核设计界面

（4）添加一个 AXI GPIO 核，对 GPIO 进行配置，在 Board 选项卡 Board Interface 的下拉列表选择已经定义好的 arduino ar0 ar13 和 arduino a0 a5 GPIO，如图 9.26 所示。配置完成单击 OK 按钮，弹出如图 9.27 所示的界面。

（5）单击 Run Connection Automation，然后单击全部选中，完成 Zynq-7000 SoC 与 GPIO 的连接，数字接口的传感器 Vivado 硬件设计已完成。

（6）接下来进行模拟接口的设计。添加一个 XADC IP 核，双击 XADC IP 核，出现如图 9.28 所示的配置界面，在 Basic 选项卡中，Startup Channel Selection 选择 Channel Sequencer；在 Channel Sequencer 选项卡配置外部接入模拟通道，PYNQ-Z2 有 6 个模拟通道，分别是 1、9、6、15、5、13。在 Channel Sequencer 选项卡中，Channel Enable 列中勾选 vauxp1/vauxn1、vauxp5/vauxn5、…，配置完成后，对通道添加外部端口。

图 9.25　ENET0 设置界面

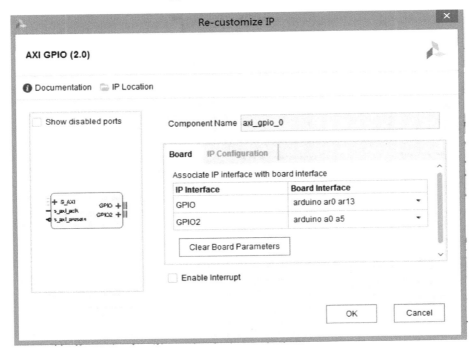

图 9.26　GPIO 配置界面

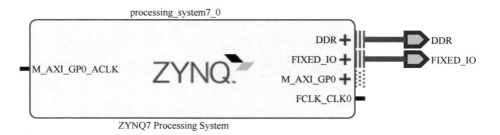

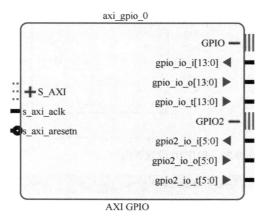

图 9.27　IP 核配置界面

图 9.28　XADC IP 核配置界面

（7）配置完成后的 XADC IP 核如图 9.29 所示，添加引脚约束，内容如下：

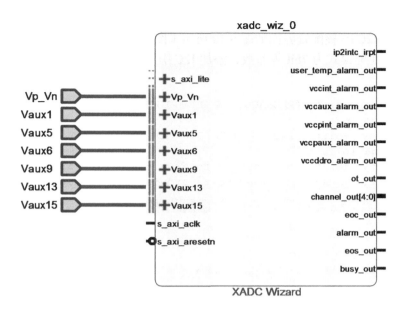

图 9.29　配置完成后的 XADC IP 核

```
# Arduino analog channels
   set_property -dict {PACKAGE_PIN D18 IOSTANDARD LVCMOS33} [get_ports
Vaux1_v_n]
   set_property -dict {PACKAGE_PIN E17 IOSTANDARD LVCMOS33} [get_ports
Vaux1_v_p]
   set_property -dict {PACKAGE_PIN E19 IOSTANDARD LVCMOS33} [get_ports
Vaux9_v_n]
   set_property -dict {PACKAGE_PIN E18 IOSTANDARD LVCMOS33} [get_ports
Vaux9_v_p]
   set_property -dict {PACKAGE_PIN J14 IOSTANDARD LVCMOS33} [get_ports
Vaux6_v_n]
   set_property -dict {PACKAGE_PIN K14 IOSTANDARD LVCMOS33} [get_ports
Vaux6_v_p]
   set_property -dict {PACKAGE_PIN J16 IOSTANDARD LVCMOS33} [get_ports
Vaux15_v_n]
   set_property -dict {PACKAGE_PIN K16 IOSTANDARD LVCMOS33} [get_ports
Vaux15_v_p]
   set_property -dict {PACKAGE_PIN H20 IOSTANDARD LVCMOS33} [get_ports
Vaux5_v_n]
   set_property -dict {PACKAGE_PIN J20 IOSTANDARD LVCMOS33} [get_ports
Vaux5_v_p]
   set_property -dict {PACKAGE_PIN G20 IOSTANDARD LVCMOS33} [get_ports
Vaux13_v_n]
   set_property -dict {PACKAGE_PIN G19 IOSTANDARD LVCMOS33} [get_ports
Vaux13_v_p]
```

（8）在 IP 核设计界面，单击 Run Connection Automation，然后单击全部选中，完成 Zynq-7000 SoC 与 XADC 的连接，实现模拟接口传感器 Vivado 的硬件设计。

（9）接下来进行 I2C 接口的设计。在 IP 核设计界面单击"+"按钮，添加一个 AXI I2C IP 核，AXI I2C IP 核配置界面如图 9.30 所示（图中 IIC 代表 I2C），配置 SCL 时钟高频率 100kHz，地址模式为 **7bit** 等参数，添加 I2C 引脚约束。

```
## Arduino direct I2C
set_property -dict {PACKAGE_PIN P15 IOSTANDARD LVCMOS33} [get_ports arduino_i2c_scl_io]
set_property -dict {PACKAGE_PIN P16 IOSTANDARD LVCMOS33} [get_ports arduino_i2c_sda_io]
set_property PULLUP true [get_ports arduino_i2c_scl_io]
set_property PULLUP true [get_ports arduino_i2c_sda_io]
```

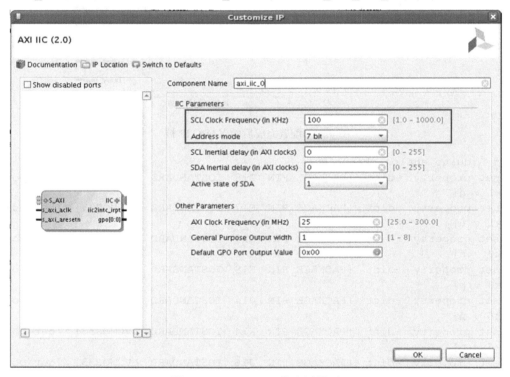

图 9.30　AXI I2C IP 核配置界面

（10）最终系统硬件工程如图 9.31 所示。添加 Arduino 引脚约束，选择 Create HDL Wrapper，生成顶级的 VHDL 模型，然后生成比特流，最后导出硬件文件到 SDK，包括比特流。接下来在 SDK 下进行软件开发与设计。

9.3.2　使用 SDK 软件设计系统功能

（1）启动 SDK 后会看到一个文件名为"system.hdf"的文件，包含 Vivado 的硬件设计信息，也可以看到 PS 端外设寄存器列表，如图 9.32 所示。

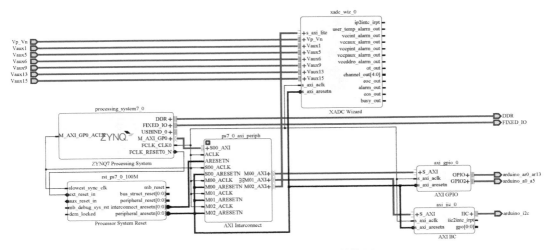

图 9.31　Vivado 设计系统硬件结构图

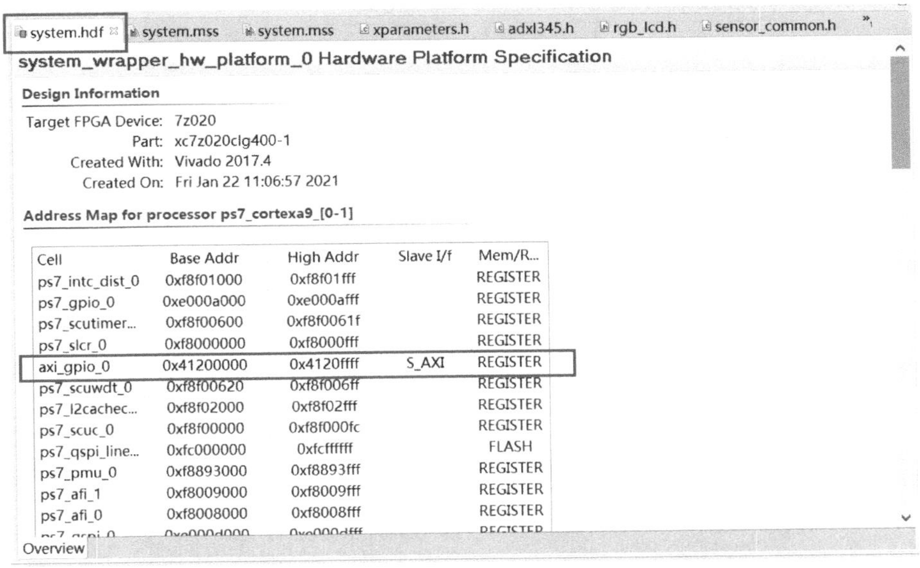

图 9.32　SDK 开发界面

（2）在 SDK 中，选择 File→New→Application Project，建立一个 APP 工程，弹出图 9.33 建立新 APP 工程界面，"Project name:"中填写 sensor_tcp 创建新的板级支持包，为后续开发提供支持，其他设为默认，单击 Next 按钮。

（3）在弹出的图 9.34 建立新工程模板中，选择 IwIP Echo Server 模板，单击 Finish 按钮完成 SDK 工程的创建。

（4）此时在 SDK 中创建了 sensor_tcp 及 sensor_tcp_bsp 的目录，在 sensor_tcp_bsp 目录中可以找到很多信息。例如，BSP Documentation 包含了一些 PS 外设的 API 说明，板级支持包文件"system.mss"列出了操作系统、外设驱动、支持库文件，如本工程用到的 IwIP 库，如图 9.35 所示。

图 9.33　建立新 APP 工程

图 9.34　建立新工程模板

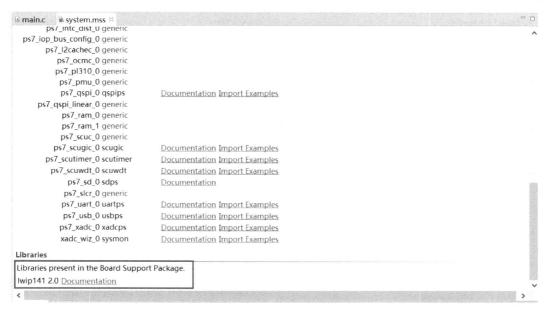

图 9.35　板级支持包信息

（5）连接 JTAG 线到开发板，USB 接到 PC 上，连接开发板网线到交换机，在上电之前将开发板的启动模式设置为 JTAG 模式，打开 PYNQ-Z2 开发板电源。

（6）在 SDK 中选择 SDK Terminal 终端，单击"+"按钮，弹出如图 9.36 所示的连接串口参数设置界面，按照图 9.36 设置参数后，单击 OK 按钮。

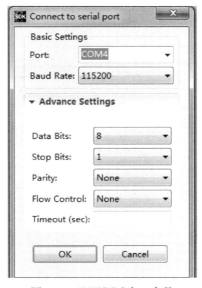

图 9.36　配置调试串口参数

（7）开发板上电之后，在左侧的 Project Explorer 选项中，右击 sensor_tcp，选择 Run As→ Run Configurations，如图 9.37 所示。

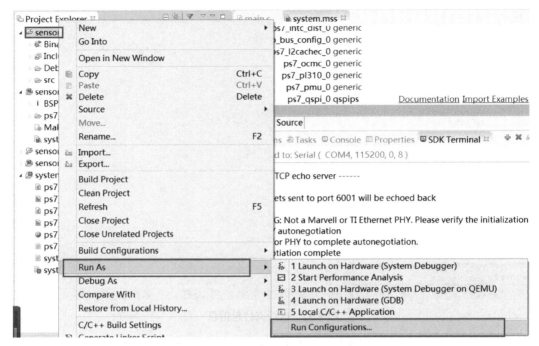

图 9.37　sensor_tcp 工程配置运行界面

（8）在图 9.38 右侧 Target Setup 中勾选 Reset entire system 和 Program FPGA，单击 Apply，然后单击 Run 运行程序。

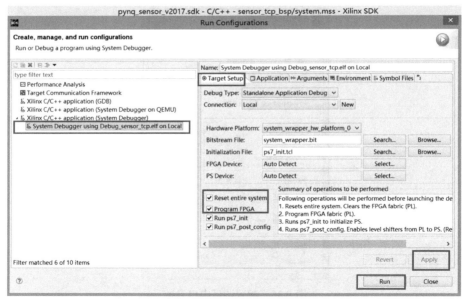

图 9.38　配置运行

（9）在图 9.39 的 SDK Terminal 中能够看到开发板创建的 TCP Server，IP 地址是

192.168.1.104，端口是 7。图 9.40 是上位机通过网络调试助手创建的 TCP 客户端。向 TCP Server 发送信息，收到 Server 回复的信息，证明 TCP 通信成功。

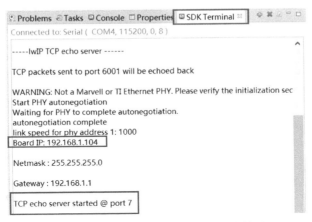

图 9.39　开发板创建 TCP Server 运行结果

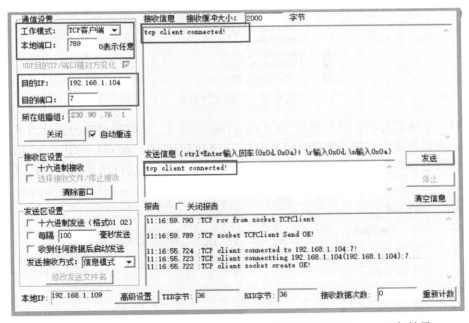

图 9.40　上位机网络调试助手 TCP Client 连接开发板 TCP Server 运行结果

（10）把所用到的传感器驱动程序移植后加入 sensor_tcp 工程中，其中"DHT11.c"和"DHT11.h"是温湿度传感器的头文件和驱动函数文件；"Grove_LED_Bar.c"和"Grove_LED_Bar.h"是 LED_Bar 显示的头文件和驱动函数文件；"adxl345.c"和"adxl345.h"是三轴数字加速度传感器的头文件和驱动函数文件；"rgb_lcd.c"和"rgb_lcd.h"是 RGB_LCD 背光显示的头文件和驱动函数文件；"sensor_common.c"和"sensor_common.h"是数字 GPIO 口的头文件和 GPIO 引脚的读写文件；"echo.c"是以太网应用函数；"main.c"是此工程的应用管理程序，如图 9.41 所示。系统实现的功能的源代码见程序资源文件。

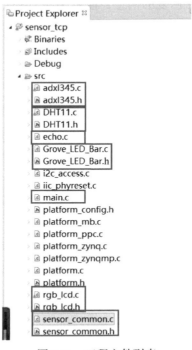

图 9.41 工程文件列表

（11）系统运行后，开发板的 TCP Sever 监听端口，接收客户端的连接请求。客户端发送获取数据命令，如 SOUND&LIGHT、TEMP&HUMI、ADXL、GET_ALLDATA，开发板收到命令后，解析命令，打包数据，传送给上位机，运行结果如图 9.42 所示。

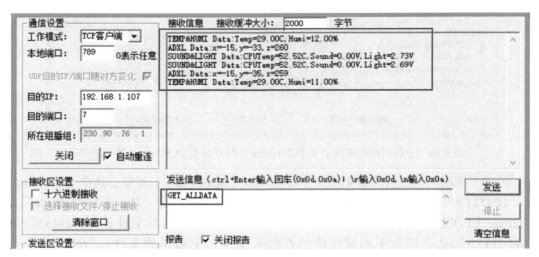

图 9.42 上位机与开发板通信的结果

9.4　题　目　拓　展

1. 复习与总结

使用 PYNQ-Z2 开发板，通过开发板的 Arduino C 接口与 base V2 接口卡接入 Grove 传感器，进行信息采集与管理。

本章内容总结如下：

（1）通过 GPIO IP 核实现对数字接口传感器的设计；

（2）通过 XADC IP 核实现对模拟接口传感器的设计；

（3）通过 AXI I2C IP 核实现对 I2C 接口传感器的设计；

（4）传感器驱动程序移植；

（5）基于 LWIP 协议栈的通信程序设计；

（6）掌握使用 Vivado 和 SDK 进行综合设计的方法。

2. 实践与提高

实践与提高项目如下：

（1）使用人体红外热释电运动传感器检测人员运动；

（2）应用土壤湿度传感器检测土壤湿度；

（3）使用有机发光二极管 0.96in 显示屏进行信息显示；

（4）使用气压、温湿度传感器检测环境信息，并在有机发光二极管 0.96in 显示屏进行信息显示；

（5）使用多通道气体传感器检测环境气体浓度，并在有机发光二极管 0.96in 显示屏进行信息显示；

（6）通过用户数据报协议（user datagram protocol，UDP）将采集到的环境信息上传到上位机；

（7）通过 UART WIFI 模块将采集到的环境信息上传到上位机；

（8）为上面的程序制作 SD 卡和 QSPI 启动镜像程序，完成启动过程。

第 10 章　实验平台与开发环境概述

10.1　硬件平台概述

1. PYNQ-Z2 开发板简介

本书所有实验案例的硬件开发板都基于 PYNQ-Z2，如图 10.1 所示。

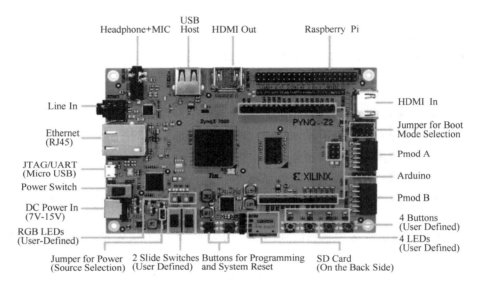

图 10.1　PYNQ-Z2 开发板实物图

PYNQ-Z2 属于 Zynq-7000 SoC 的 XC7Z020 系列，具体资源如表 10.1 所示。

表 10.1　PYNQ-Z2 模块名称

模块	描述
ZYNQ XC7Z020-1 CLG 400C	650MHz 的双核 Cortex-A9 处理器
	具有 8 个 DMA 通道和 4 个高性能 AXI3 从接口的 DDR3 内存控制器
	高带宽外设控制器 1Gbit/s 以太网接口，USB2.0 接口，SDIO 接口
	低带宽外设控制器：SPI、UART、CAN、I2C
	JTAG、Quad-SPI flash 和 microSD card 编程接口

续表

模块	描述
Artix-7 FPGA	13300 个逻辑片，每个带有 4 个 6 输入的 LUT 和 8 个 flip-flops
	630KB 快速 BRAM 块
	4 个时钟管理单元，每个带有 PLL 和 MMCM
	220 个 DSP slices
	片上模拟到数字转换器 XADC
存储	512MB 的 DDR3 内存
	16MB 的 Quad-SPI Flash 存储
	微 SD 槽
电源	USB 或者 7～15V 外部电源
USB 和以太网接口	吉比特以太网物理层
	微 USB-JTAG 编程接口
	微 USB-UART 桥
	USB2.0 OTG 仅支持模式
音频和视频	HDMI 输入口(input)
	HDMI 输出口(output)
	带有 24 位 DAC 和 3.5mm TRRS jack 的 I2S 接口
	3.5mm jack 接入
拨码开关、按键和 LED 灯	4 按键
	2 拨码开关
	4 LED 灯
	2 RGB LED 灯
扩展接口	2 个标准的 Pmod 口 总共 16 个 FPGA I/O (8 个与树莓派共享的引脚)
	Arduino 接口 •总共 24 个 FPGA I/O •6 个单端 0～3.3V 模拟输入口
	树莓派接口 •总共 28 个 FPGA I/O(8 个与 Pmod A 共享的引脚)

　　更详细的信息请参阅 PYNQ-Z2 手册 1.1 版。用 Vivado 产生新的 Zynq 系统时，PYNQ-Z2 开发板的板载文件可用于 Vivado 自动配置 PS 端。

　　PYNQ-Z2 开发板的板载文件、用户说明书及 Vivado 环境下的 XDC 引脚约束文件，都可以从 TUL 的网站上下载，网址如下：

https://www.tul.com.tw/ProductsPYNQ-Z2.html

2. 传感器资源

本书使用的传感器资源详见 seeed 网站，网址如下：

https://wiki.seeedstudio.com/Grove-LCD_RGB_Backlight
https://wiki.seeedstudio.com/Grove-LED_Bar
https://wiki.seeedstudio.com/Grove-Light_Sensor
https://wiki.seeedstudio.com/Grove-Sound_Sensor
https://wiki.seeedstudio.com/Grove-TemperatureAndHumidity_Sensor
https://wiki.seeedstudio.com/Grove-3-Axis_Digital_Accelerometer-16g

10.2　集成开发环境概述

Xilinx 公司于 2012 年发布了新一代的 Vivado Design Suite 设计套件，是一款为 FPGA 和 Zynq 设计的包含诸多功能部件的开发工具套件。Vivado Design Suite 可以通过以下链接从 Xilinx 的官网下载：

http://www.xilinx.com/support/download/index.htm

Vivado IDE 是用于创建 SoC 设计中硬件系统部分的一个集成开发环境，可以创建处理器、存储器、外设、扩展接口和总线。Vivado IDE 和设计套件中的其他工具有交互，并且包含集成和打包 IP 的工具，这种设计为工程的可重用性提供了可能。Vivado IDE Design Suite IP Integrator 实现了一个设计框图形式的设计环境构建 Zynq-7000 SoC 系统。用结构图可以配置 PS 和 PL 部件。配置数据保存在一个 XML 文件和其他 INIT 文件中，这些文件可以用在软件设计工具中推断编译器参数、定义 JTAG 设置、创建和配置 BSP 库，以及自动做一些其他硬件相关的操作。

Xilinx 的 SDK 提供了一个软件开发环境，在一个工具中就可以创建全功能的软件应用。SDK 包括基于 GNU 的编译工具链（GCC 编译器、GDB 调试器、工具和库）、JTAG 调试器、闪存编程器、Xilinx IP 的驱动和裸机 BSP 及应用领域函数的中间件库。所有这些功能都能在基于集成了 C/C++ 开发包（CDK）的 Eclipse 集成开发环境中使用。SDK 是基于广受欢迎的 Eclipse 平台开发的软件设计工具，包含 Xilinx IP 核的所有驱动，使用 C 和 C++语言且支持 ARM 和 NEON 扩展的 GCC 库，以及调试和程序概要分析工具。

SDK 的功能包括：

（1）项目管理；
（2）错误导航；
（3）C/C++代码编辑和编译环境；
（4）应用构建配置和自动产生 makefile；
（5）调试和剖析嵌入式目标的集成环境；
（6）通过第三方插件的额外功能，如源代码和版本控制。

SDK 是 Xilinx Vivado IDE、ISE Design Suite 和 EDK 的一部分，也可以是独立的应用。SDK 里还有创建第一级引导装载程序（FSBL）的应用模板，以及构建一个引导映像的图形界面。文档和参考材料可以直接从 SDK 的帮助系统中获得。

在 Xilinx 网站上有大量的关于 Vivado 开发工具的可用资源，也有指导读者的教程、学习视频及其他文档，Xilinx 的支持网站如下：

http://www.xilinx.com/support.html

教师和学生还可以通过 Xilinx 大学计划（XUP）获取更多的练习资源。有关 XUP 的资料参考如下网站：

http://www.xilinx.com/university

本书所有案例都是在 Vivado 2017.4 和 SDK 开发环境下设计和实现的。

参 考 文 献

戴志涛，刘健培. 2020. 鲲鹏处理器架构与编程. 北京: 清华大学出版社.

符晓，张国斌，朱洪顺. 2016. Xilinx Zynq-7000 AP SoC 开发实战指南. 北京: 清华大学出版社.

何宾. 2019. Xilinx Zynq-7000 嵌入式系统设计与实现. 2 版. 北京: 电子工业出版社.

刘玉梅，綦俊炜，任立群，等. 2021. 基于 PYNQ 的传感器数据采集系统实验案例设计. 实验技术与管理，38(1): 58-64.

陆启帅，陆颜婷，王地. 2014. Xilinx Zynq SoC 与嵌入式 Linux 设计实战指南. 北京: 清华大学出版社.

张光河. 2018. Ubuntu Linux 基础教程. 北京: 清华大学出版社.

ARM Inc. [2021-04-07]. Cortex-A9 MPCore Technical Reference Manual, version: r3p0. http://infocenter.arm. com/help/topic/com.arm.doc.ddi0407g/DDI0407G_cortex_a9_mp-core_r3p0_trm.pdf.

Crockett L H, Elliot M A, Enderwitz M A, et al. 2016. The Zynq Book: Embedded Processing with the ARM Cortex-A9 on the Xilinx Zynq-7000 All Programmable SoC. Glasgow: Strathclyde Academic Media.

Seeed. [2021-04-07]. Base Shield V2 Specification. http://wiki.seeedstudio.com/ Base_Shield_V2.

TuL. [2021-04-07]. Product—FPGA. https://www.tul.com.tw/ProductsPYNQ-Z2.html.

Xilinx Inc. 2016. PG091: Vivado Design Suite Product Guide: XADC Wizard v3.3. LogiCORE IP Product Guide.

Xilinx Inc. 2016. PG172: Vivado Design Suite Product Guide: Integrated Logic Analyzer v6.2. LogiCORE IP Product Guide.

Xilinx Inc. 2018. PG159: Vivado Design Suite Product Guide: Virtual Input/Output v3.0. LogiCORE IP Product Guide.

Xilinx Inc. 2018. UG480 (v1.10.1): Vivado Design Suite User Guide: 7 Series FPGAs and Zynq-7000 SoC XADC Dual 12-Bit 1 MSPS Analog-to-Digital Converter.

Xilinx Inc. 2019. UG1144(v2019.2): PetaLinux Tools Documentation Reference Guide.

Xilinx Inc. [2021-04-07]. Zynq-7000 SoC Technical Reference Manual. https://www.xilinx.com/support/ documentation/user_guides/ug585-Zynq-7000-TRM.pdf.

Xilinx Inc. [2021-04-07]. Zynq-7000 All Programmable SoC Software Developers Guide. http://www.xilinx. com/support/documentation/user_guides/ug821-zynq-7000-swdev.pdf .